아메리칸 팜스, 아메리칸 푸드

미국의 농업과 식품 생산의 지리

아메리칸 팜스 메리칸 푸드

존 허드슨, 크리스토퍼 레인전 지음
장영진 옮김

AMERICAN FARMS
AMERICAN FOOD

살림

차 례

서 문

이 책은 농업과 식품의 관련성에 대해 보다 깊은 이해가 필요하다는 생각에서 쓴 것이다. 농업과 식품이라는 두 가지 주제를 온라인에서 검색해 보면 관련 정보가 적지 않음을 알 수 있다.

식품은 소비 측면에 해당한다. 식품, 식품 안전, 식량 안보 그리고 환경적 지속 가능성 등에 관련된 웹사이트는 수도 많고 정보도 풍부하며 접근하기도 쉽다.

농업은 생산 측면을 대표한다. 일반 대중은 농업에 관한 정보를 이용할 수는 있겠지만 그러한 정보에 접근하기란 쉬운 일이 아니며 그에 대한 관심도 크지 않은 것으로 보인다. 농장에서 생산한 농산물은 최종적으로 우리의 식탁에 오르지만 그 연결 고리가 항상 명확한 것은 아니다. 이 책에서는 농업뿐 아니라 농산물이 농장을 떠난 이후 어떤 일이 일어나는지를 보여줌으로써 이를 설명하고자 한다.

미국 농무부(USDA)가 펴낸 각종 자료와 분석 연구 및 보고서 등은 농업과 식품 연구에 가교 역할을 한다. 우리는 미국 연방 정부 기관인 농무부의 자료를 기초로 이 책을 집필했고 식품 및 농업지리 관련 지도를 작성했다.

이 책의 목차는 미국 농무부의 분류에 따라 구성했다. 먼저 작물과 축산으로 나누고 각각을 다시금 유형에 따라 세분했다.

제1장 '농장과 식품'에서는 농업인이 소비자에게 농산물을 직접 판매하는 농장 직판에 대해 논의하고 국가 수준에서 농업 생산을 개관했다.

제2장 '가족 농장'에서는 미국 농업에서 가족이 소유하고 운영하는 가족 농장의 지배적인 역할을 설명하고 농장의 소유 및 규모 패턴을 분석했다.

제3장 '옥수수 지대'와 제4장 '밀과 곡물'에서는 미국에서 생산되는 옥수수와 밀을 중심으로 각각의 지리가 시간이 흐름에 따라 어떻게 전개되었는지를 설명했다. 4장에서는 대두, 보리, 쌀 등의 작물도 다루었다.

곡물에 이어 다음 세 개의 장에서는 축산 및 축산물을 고찰했다. 제5장 '낙농', 제6장 '비육돈과 육우', 제7장 '가금(家禽)'에서는 가축 생산의 역사와 지리 및 이를 둘러싼 최근의 논쟁 그리고 육류 산업의 역할에 대해 설명했다.

제8장 '과일과 채소'에서는 수십 가지 특수작물을 중심으로 작물의 생산 방식과 생산 지역 그리고 이들 농산물이 소비자에게 도달하기까지 마케팅 및 소매업의 역할에 대해 설명했다.

제9장 '유기 농장과 유기농 식품'에서는 유기농업 및 유기농 인증의 역사를 고찰하고 미국에서 유기농 식품의 역할이 확대되는 과정을 설명했다.

제10장 '농지 유보 정책'에서는 1930년대부터 주로 보존을 목적으로 일부 농지를 생산에서 제외시킨 연방 정부의 정책에 대해 상세하게 설명했다.

우리는 이 책에 관해 여러 지리학자들과 논의하면서 많은 도움을 받았다. 이들과는 최근 수년간 공동 연구를 수행하고 미국지리학회학술대회에 논문을 발표한 바 있다.

우리는 이 책의 작업에 대한 로저 오치(Roger Auch), 홀리 바커스(Holly Barcus), 라이언 백스터(Ryan Baxter), 미셸 부샤르(Michelle Bouchard), 존 크로스(John Cross), 돈 드레이크(Dawn Drake), 존 프레이저 하트(John Fraser Hart), 대럴 냅튼(Darrell Napton), 라이언 레커(Ryan Reker), 브래드 런퀴스트(Brad Rundquist), 수지 치글러(Susy Ziegler) 등의 통찰과 논평에 감사드린다.

이 가운데 우리에게 가장 큰 도움을 준 지리학자는 존 프레이저 하트다. 그는 이 책의 주제를 고안하고 지난 수년간 귀중한 가르침과 조언을 아끼지 않았다.

역　자
서　문

　이 책은 미국에서 생산하는 주요 작물 및 축산물을 중심으로 농
업의 산업화 과정에서 나타나는 농업구조의 변화와 주요 농업 지
역의 형성 배경 및 과정을 개관한다. 이는 미국의 대표적인 농업
지리학자 존 프레이저 하트의 제안으로 존 허드슨과 크리스토퍼
레인전 두 지리학자가 저술했다. 저자들은 문헌 자료를 이용함은
물론 18세기 중반부터 발표되기 시작한 농업통계를 정리하고 지
도화하여 활용했다.
　두 저자는 먼저 농업의 변화 및 농업 생산의 분포를 개관하고
최근 들어 많은 관심을 받고 있는 로컬푸드를 비롯한 농장 직판의
지리를 논의한다. 다음으로 농업의 산업화 과정에서 나타나는 생
산 단위의 규모화와 양극화 등 농업구조의 변화를 설명하고 특히

생산 주체로서 가족 농장의 위상을 강조한다.

이어서 옥수수와 밀 등의 곡물과 비육돈, 육우, 낙농, 육계와 산란계 등의 축산 그리고 과일과 채소 등에 대해 각 품목의 기원과 작물화 및 가축화, 육종 과정 등에 대해 설명한다. 나아가 품목별 특성과 자연 조건, 교통의 발달, 기술 혁신, 개척사, 정부 정책, 농기업 및 생산자 단체의 역할, 시장의 변화, 지역 농업의 여건 등 다양한 요인과 관련하여 공간적 집중화를 설명한다.

또한 미국에서 유기농업의 성장, 유기농업과 관행농업의 관계, 유기농업 지역과 품목의 관련성 등을 고찰하고 농지 정책을 과잉 생산 및 환경문제와 관련하여 설명한다. 더욱이 최근 논란이 되고 있는 유전자 변형 농산물과 공장식 축산 문제, 목초 사육과 곡물 사육 그리고 인공 호르몬 등에 대해서도 논의한다.

위와 같은 내용으로 보건대 이 책은 미국에서 진행되는 농업 구조의 변화와 농업지역의 형성 배경 및 과정을 전반적으로 이해하고자 하는 독자들에게 많은 시사점을 줄 것으로 기대된다.

마지막으로 이 책의 출판을 흔쾌히 허락해주신 살림출판사의 심만수 대표님과 편집부 관계자 분들께 감사드린다.

2020년 12월

장 영 진

제1장
농장과 식품

우리가 소비하는 식품과 그것을 생산하는 농장은 밀접하게 관련되어 있다. 그렇지만 사람들은 양자의 관련성을 얼마나 이해하고 있을까? 과거 미국인들은 대부분 농장에 거주하면서 먹을거리를 생산했기 때문에 농장에 익숙했다. 100여 년이 지난 후 미국은 생산자의 나라에서 소비자의 나라로 변모했다. 1940년 미국의 농업인들은 평균적으로 19명을 부양했지만 오늘날에는 이 수치가 155명으로 증가했고 이러한 추세는 계속되고 있다.(USDA Economic Research Service, 2016b)

미국은 농업 생산 및 마케팅 기술의 진보에 힘입어 생산성이 지속적으로 향상되고 있다. 이 나라의 농장은 지난 200여 년간 효율성과 산출량에서 발전을 거듭했다. 이는 농산물의 가치, 생산에 필요한 인시(人時, person-hours: 한 사람이 한 시간 동안 수행한 일의 양을 나타내는 단위이다 - 옮긴이), 생산에 이용되는 농지 면적 또는 농가당 부양 인구 등에서 알 수 있다.

20세기 초반 미국의 농업은 인구의 과반수가 거주하는 농촌에서 다수의 다각화된 소규모 농장을 중심으로 노동집약적으로 이루어졌다. 이는 시간이 흐름에 따라 지속적으로 변화했다. 당시에는 가축 2,200만 마리가 농업에 이용되었는데, 이는 이후 트랙터 500만 대로 대체되었다. 21세기의 농업은 인구의 4분의 1 정도가 거주하는 농촌에서 소수의 전문화된 대규모 농장에 집중되어 있다.(Dimitri et al., 2005)

지금도 농업의 효율성은 향상되고 있지만 농업 활동과 인간의 관계는 기술 발전의 속도에 비해 다소 뒤처져 있다. 1958년에는 18세 이상 미국인의 24퍼센트 즉 성인 2,600만 명 정도가 농장에서 태어났다.(Beale et al., 1964) 그들이 나고 자란 농장은 오늘날의 전형적인 농장에 비하면 훨씬 다각화되어 있었다. 2세대 전만 해도 사람들은 일부 농작업을 수행하면서 먹을거리를 생산하는 만족감을 경험하는 등 농장의 삶을 이해하고 있었다.

그러나 이는 과도기로서 오랜 기간 지속될 수 없었다. 1958년 미국에서는 2,600만 명이 농장에서 태어났지만 그중 1,600만 명은 농장을 떠나 도시로 거주지를 옮겼다. 다음 세대에서는 농장에서 태어난 사람이 소수에 불과했고 오늘날에는 미국인 3억 2,000만 명 가운데 부모나 조부모가 농장에서 태어난 경우도 매우 적다. 이제 관련 통계는 더 이상 공식적으로 집계되지 않는다. 오늘날 농장에 거주하는 미국인은 300만 명 정도다.

개인적 경험을 통해 농장을 이해하는 미국인은 그 어느 때보다 적다. 이처럼 직접적인 경험이 부족하다고 해서 농업인들이 무엇을 어떻게 생산하는지에 무관심한 것은 아니다. 생산성을 향상시키는 농업 기술의 변화와 더불어 식품이 어떻게 생산되고 판매되는지에 대한 소비자들의 인식과 관심은 높아지고 있다. 이는 영양과 식단에 대한 전반적인 우려에서 비롯된 것이기도 하지만 대형 식품 가공 업체들이 소비자들의 만족도를 높이고자 하는 과정의 산물이기도 하다. 농산물 생산에 대한 소비자의 영향은 직접적으로는 소비자에게서 기인하지만 간접적으로는 소비자의 선택을 예측하고자 하는 가공 업체에서 기인한다.

농산물을 가공하여 음식점과 슈퍼마켓에 공급하는 기업들은 농산물 생산에서 그 역할이 점차 커지고 있다. 오늘날 농산물 공급을 감시하고 통제하는 데 가장 빈번하게 이용되는 수단은 생산 계약(production contract)이다. 농업인은 주어진 날짜에 정해진 가격으로 농산물을 인도하기로 계약을 맺기 때문에 생산 비용의 상승을 유발하는 내재적 위험으로부터 보호받을 수 있다. 식품 가공 및 포장 업체들은 특정 제품에 대한 소비자들의 구매 수요에 주목한다. 계약 생산은 이처럼 소비자 선호에 부응하는 과정에서 발생하는 특정 농산물에 대한 수요로 인해 증가하게 된다.^(MacDonald et al., 2004)

오늘날 미국에서 생산되는 거의 모든 가금류(家禽類)는 계약에 의해 사육되고 판매된다. 그리고 육우와 비육돈 및 우유 등은 90퍼센트 이상이 계약에 의해 생산되며 작물은 절반 이상이 계약을 기반으로 생산되고 있다. 전체적으로 볼 때, 미국 농산물의 3분의 2 이상이 농업인과 가공 업체 간 계약을 통해 거래되고 있다.^(MacDonald, 2015) 이와 같은 계약 관계를 이용하면 농장이나 조합을 상대로 생산 이력을 직접 추적할 수 있다. 이러한 방식은 책임을 강조하기 때문에 제품의 리콜과 기타 안전 점검이 용이해진다. 계약 생산 방식에 더하여 디지털 통신 기술이 활용되면서 식품에 대한 통제도 강화되고 있다.

그러나 식품에 대한 통제를 더욱 확고히 하고자 할 때 다른 방식이 채택되기도 한다. 미국에서는 지난 20여 년간 로컬푸드의 인기가 높아지고 있다. 이는 농장에 대한 사람들의 경험이 사라지면서 나타난 반작용이라 할 수 있다. 만약 식품이 다른 곳으로부터 운송된 것이라면, 그리고 다른 소비재처럼 포장된 것이라면, 그 과정에는 일부 단계가 누락되었다고 볼 수 있다.

농장 직판

미국산 농산물 가운데 소비자에게 직접 판매하는 부분은 그 양은 적지만 계속 증가하고 있다.^(Ekenem et al., 2016) 이러한 농장 직판(farm direct sales) 또는 직거래(direct-to-consumer sales) 방식은 2012년 13억 달러 정도였다. 이는 1992년의 3배를 넘는 규모다.^(NASS, 2012) 농장 판매의 또 다른 범주로는 미국 전역에 산재하는 수십 개의 '식품 허브(food hubs: 주로 지역 생산자들이 지역의 도·소매업 및 기관의 수요를 충족시키고자, 다수의 생산자로부터 다수의 구매자에 이르기까지 원산지가 확인된 농산물의 수집·유통·판매를 적극적으로 관리하는 사업 또는 조직 – 옮긴이)'를 통해 유통 업체, 중개상, 수집상 등이 판매하는 물량이 있다. 이들 중개인들은 농장에서 농산물을 받아 음식점과 식품점 및 슈퍼마켓 등에 판매하고 있다. 미국의 농업총조사에서는 이들의 활동이 집계되지 않고 있다. 그러나 2012년 식

품 허브의 매출은 48억 달러에 달하는 것으로 나타났다.^{(Vogel and Low,}
²⁰¹⁵⁾ 이 밖에 직판 방식에는 공동체 지원 농업이 있다(9장 참조). 진
정한 직판으로는 정기적으로 여는 파머스 마켓(farmers markets)이
있는데, 농업인들은 이곳에서 자신들이 생산한 농산물을 직접 판
매한다.^(Martinez et al., 2016)

슈퍼마켓 업계의 한 협회가 조사한 바에 따르면, 식품 구매자
의 25퍼센트는 로컬에서 생산한 식품을 찾는 것으로 나타났다.^{(Food}
^{Marketing Institute, 2015)} 소비자가 로컬푸드를 선호하는 또 다른 이유는 환
경적 지속 가능성이 갖는 중요성에 있다. 소규모의 로컬푸드 생산
자들이 환경적 지속 가능성을 향상시킬 것이라 기대되기 때문이
다.^(Burnett et al., 2011) 일부 연구에 따르면, 파머스 마켓은 슈퍼마켓에 비
해 농산물을 저렴하게 판매한다. 그러나 농산물의 가격은 파머스
마켓과 여타 소매 업체 간에도 차이를 보이지만, 지역과 계절 및
상품에 따라서도 상이하므로 그와 같은 차이를 입증하기란 쉽지
않다.^(Low et al., 2015)

소비자에게 농산물을 직접 판매하는 농장은 일반적으로 '로컬
(가령 농장이 공급하고자 하는 매장으로부터 반경 100마일 이내)에 위
치한다. 그러나 이들 농장이 모두 '소규모'는 아니다. 직판 농장은
특정 규모를 중심으로 집중되어 있다. 구체적으로 보면, 직판 농장

은 연간 총소득 7만 5,000달러 미만이 85퍼센트를 차지한다. 그러나 전체 직판 매출에서 이들의 비중은 13퍼센트에 불과하다. 반면 총소득 35만 달러를 넘는 직판 농장은 5퍼센트에 불과하지만 이들의 매출은 전체 직판 매출의 3분의 2를 점하고 있다.[Low et al., 2015, 11] 이처럼 소수의 대형 농장이 생산에서 큰 비중을 점하는 현상은 현대 농업의 일반적인 특징이라 할 수 있다.

농장 직판은 지리적으로도 집중되어 있다. 로컬의 범위를 시장으로부터 반경 100마일 이내로 설정할 경우, 농장 직판은 도시화가 상당히 진전된 동북부 지역에서 활발하게 이루어지는 것으로 나타났다(표 1.1). 특히 워싱턴 D.C., 필라델피아, 볼티모어 등과 함께 뉴잉글랜드 남부에서 원활하게 공급되고 있다. 중서부 지역은 전체적으로 인구도 적고 농산물 소비도 적은 편이지만 시카고와 밀워키, 디트로이트 등에서는 앞의 도시들에 버금가는 수준으로 로컬푸드가 생산되고 있다. 캘리포니아주에서는 로컬푸드 시장이 연중 운영되고 있다. 거래 규모로 볼 때 뉴잉글랜드 남부보다는 작고 중서부보다는 크다.

농산물을 직접 판매하는 농업인들은 지역별 인구 규모에 따라 마케팅 활동을 달리하게 된다. 대도시 및 인근 교외 지역은 인구가 여러 소도시에 분산된 지역에 비해 매력적인 시장이 될 수 있

표 1.1 주요 도시의 반경 100마일 이내 농장 직판 매출 (2012년)

(단위: 100만 달러)

도시	매출액	도시	매출액
우스터, 메사추세츠주	129.1	디트로이트, 미시간주	31.4
볼티모어, 메릴랜드주	120.3	스파턴버그, 사우스캐롤라이나주	29.4
워싱턴 D. C.	108.0	세인트클라우드, 미네소타주	28.9
필라델피아, 펜실베이니아주	104.4	로스앤젤레스, 캘리포니아주	27.4
러틀랜드, 버몬트주	92.5	롤리, 노스캐롤라이나주	25.4
프레즈노, 캘리포니아주	75.6	애틀랜타, 조지아주	11.6
오클랜드, 캘리포니아주	69.8	탬파, 플로리다주	9.5
시러큐스, 뉴욕주	46.7	덴버, 콜로라도주	8.8
포틀랜드, 오리건주	44.1	휴스턴, 텍사스주	5.4
밀워키, 위스콘신주	43.8	버밍엄, 앨라배마주	5.3
시카고, 일리노이주	43.5	피닉스, 애리조나주	4.8

자료: 미 농무부 농업총조사(Census of Agriculture)

다. 그러나 인구 규모가 직판 규모 예측에 항상 적합한 것은 아니다. 애틀랜타, 탬파, 덴버, 휴스턴, 피닉스 등은 잠재 고객이 많은 대도시지만 이들 도시 인근의 농장들은 직접 판매에 소극적이다. 이와 달리 사우스캐롤라이나주의 스파턴버그와 노스캐롤라이나주의 롤리 등은 훨씬 작은 도시임에도 로컬푸드의 이용 가능성이

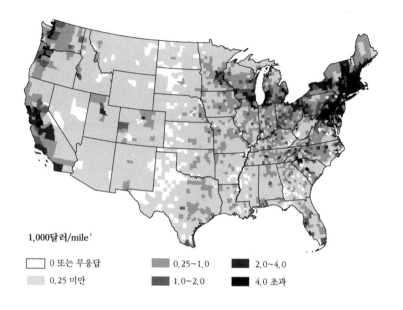

1,000달러/mile²

☐ 0 또는 무응답	▨ 0.25~1.0 ▩ 2.0~4.0
▨ 0.25 미만	▨ 1.0~2.0 ■ 4.0 초과

그림 1.1 농장 직판 매출 (2012년)

자료: 미 농무부 농업총조사(Census of Agriculture, 2012) 자료를 이용하여 저자가 작성.

상대적으로 높다.

농장 직판에 관한 위 지도는 로컬푸드의 이용 가능성이 장소에 따라 차이가 있음을 보여준다(**그림 1.1**). 파머스 마켓은 농업인들이 생산한 농산물을 직접 판매하는 곳이기 때문에 지역에 따라서는 로컬에서 생산한 농산물을 구할 수 없거나 공급 부족을 겪기도 한다. 미국 남부 지역은 중서부와 동북부 및 태평양 연안과 비교할 때 로컬푸드의 공급이 부족한 상황이다. 남·북 다코타주와 몬태나주에서 텍사스주에 이르는 미국 대평원(Great Plains)은 식량을 대량으로 생산하는 지역이지만 실제로 로컬에서 판매되는 것은 거의 없다. 이는 지역 인구가 적고 도시가 별로 없다는 점에서 일부 원인을 찾을 수 있다. 애틀랜타, 탬파, 휴스턴, 피닉스, 덴버와 같은 도시에서는 여름철 높은 기온으로 인해 옥외 임시 매장을 이용하는 식품 구매를 선호하지 않는다. 따라서 선벨트(Sun Belt) 지역에서는 농장 직판에 관심이 적은 편이다.

농장 직판은 미국 농장의 총매출에서 극히 일부분을 차지한다. 2012년 농업총조사에 따르면, 이는 13억 1,000만 달러로 미국 농장 총매출의 0.33퍼센트였다. 여기에 음식점 및 소매점과 거래하는 식품 허브의 매출을 더해도 로컬푸드는 미국 농장 총매출의 1.5퍼센트에 불과하다.(Vogel and Low, 2015)

농장 매출

2012년 미국 농장의 총매출은 3,948억 달러였다. 이는 작물과 축산(축산물과 가금류를 합산한 것이다)에서 비교적 고르게 발생했다. 각기 53.8퍼센트와 46.1퍼센트다. 이와 같은 주된 소득원을 중심으로 농장을 분류할 수 있다. 2012년 105만 4,987개 농장은 작물에서 가장 많은 소득을 올렸고, 105만 4,316개 농장은 가축에서 가장 많은 소득을 올렸다. 미국에서는 흔히 농업인들이 작물과 축산을 결합하는 것으로 생각하고 있고 일부 농가에서는 아직도 그렇게 하고 있다. 그러나 2012년 자료에 따르면, 축산 농장은 소득의 93.4퍼센트를 가축 및 축산물에서 올렸고 작물 농장은 소득의 95.6퍼센트를 작물 판매에서 얻었다. 이처럼 미국의 농장은 대부분 한두 가지 작물이나 한 가지 가축을 중심으로 생산하면서 오랜 기간 작물 또는 가축 가운데 한 부문으로 전문화(specialization)가 진행되고 있다.

작물 생산 농장과 가축 생산 농장은 그 수가 거의 같고 소요되는 농지의 면적도 유사하다. 작물은 4억 5,400만 에이커, 가축은 4억 6,000만 에이커다. 전체적으로 볼 때, 미국의 농업은 전국적으로 광범위하게 분포하고 있다. 미국은 농업에 유리한 기후와 비옥한 토양, 평탄한 지형을 보유하고 있다. 이는 여타 대국들이 따라오기 어려운 조건이다. 미국의 약 3,100개에 달하는 카운티를 농장 매출액 기준으로 순위를 매겨보면 생산성이 낮은 하위 1,000개 카운티의 농장 매출액은 약 3.9퍼센트에 불과하다. 반면 최상위

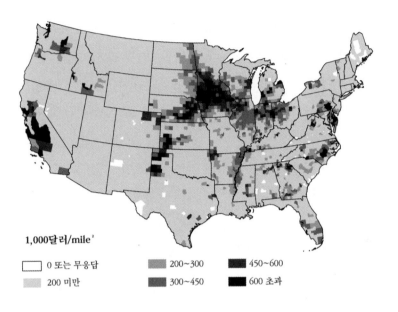

1,000달러/mile²

☐ 0 또는 무응답	■ 200~300	■ 450~600
▨ 200 미만	■ 300~450	■ 600 초과

그림 1.2 농장의 단위면적당 총매출 (2012년)

자료: 미 농무부 농업총조사(Census of Agriculture, 2012) 자료를 이용하여 저자가 작성.

100개 카운티의 매출은 약 26퍼센트에 달한다. 또한 농업 생산액의 3분의 2 정도가 상위 500개 카운티에서 생산되고 있다. 요컨대 미국에서는 농업이 광범위하게 이루어지는 가운데 상당히 불균등하게 분포함을 알 수 있다(**그림 1.2**).

농업이 전국적으로 광범위하게 분포하고 있지만 이를 특수작물

(미국 농무부 기준으로 과일과 채소, 견과류와 건과일, 원예작물, 모종과 묘목 등이 포함된다 - 옮긴이)을 중심으로 보면 지역적으로 집중된 것을 볼 수 있다. 2012년 자료에 따르면, 미국에서 농산물을 10억 달러 이상 생산한 카운티는 30개이고 상위 10개 카운티 중 9개가 캘리포니아주에 위치한다. 어떤 범주로 보더라도 캘리포니아주는 미국의 대표적인 농업 지역이다. 이 지역은 주요 유제품 생산지일 뿐 아니라(5장) 전국 채소 재배 면적의 30퍼센트와 과일 및 견과류 면적의 60퍼센트를 차지하며(8장) 유기농 식품의 주요 생산지이기도 하다(9장).

이 밖에 농업에서 발생하는 수익이 10억 달러를 넘는 카운티는 콜로라도주와 캔자스주 및 텍사스주 등에 8곳이 있는데, 이들은 주요 육우 생산지다(6장). 상위 30개 카운티 가운데 2곳은 노스캐롤라이나주에 위치하는데, 주로 비육돈과 칠면조를 생산한다. 델라웨어주로부터 텍사스주에 이르는 남부 지역에는 집약적 농업 클러스터가 분포하고 있다. 이들 대부분은 가금류 산업이 집중되어 있다(7장).

옥수수 지대 카운티들도 생산액에서 높은 순위에 올라있다(3장). 이 지역의 개별 농장들은 특정 품목을 중심으로 전문화되어 있다. 그러나 오하이오주에서 남·북 다코타주와 네브래스카주에 이르는 옥수수 지대 대부분의 카운티에서는 대량의 옥수수 및 대두와 함께 많은 비육돈과 육우를 생산하고 있다(3장, 6장). 저가 작물인 밀은 미국 대평원과 태평양 연안 서북부 지역의 여러 카운티에서 주로 생산된다(4장). 밀은 특수작물에 비해 단위면적당 소득이 낮기 때문에 농장 매출 분포에서 주요 밀 생산 카운티들은 뚜렷하게 드러나지 않는다.

미국에서 식량에 지출한 비용은 미국 농장 매출액과 많은 차이를 보인다. 평년 기준으로 미국산 밀의 약 절반이 수출되고 있다. 대두의 절반도 해외에서 판매되고 나머지 대부분은 가금류 등 가축의 사료로 이용되고 있다. 오늘날 옥수수는 연료용 알코올과 가축 사료에 각각 38퍼센트가 이용되고 약 14퍼센트는 수출되고 있다(그림 3.5). 이와 같은 작물이 사료로 이용됨에 따라 소와 돼지 및 가금류 등의 생산이 가능하게 되었다.

미국은 주요 농산물 수입국이기도 하다. 미국은 2014년에 곡물 1,100만 톤과 신선과일 1,200만 톤, 채소 900만 톤을 수입했다.(USDA, Economic Research Service, 2016a) 세계적으로 구매력이 증가함에 따라 국제 무역이 강화되고 있는바, 미국은 이러한 무역에서 확고한 지위를 차지하고 있다.

미국에서 생산한 농산물이 모두 식품으로 이용되는 것은 아니다. 또한 미국인이 소비하는 식품이 모두 미국에서 생산된 것도 아니다. 그러나 이 나라 농장의 가장 중요한 역할은 미국인들에게 식품을 공급하는 것이다. '농장'은 예나 지금이나 주로 가족이 소유한 비즈니스로 가족이 거주하면서 운영한다. 2장에서는 가족 농장을 중심으로 그것이 어떻게 기능하며 시간이 흐름에 따라 어떻게 변화해 왔는지를 살펴볼 것이다.

제2장
가족 농장

2012년 현재 미국에는 약 210만 개 농장이 있다.^(USDA, NASS, 2014) 이
는 1930년대 중반의 700만 개에 비하면 크게 감소한 수치다. 다만
농업총조사 우편 목록에 약 30만 개의 소농장이 추가되었기 때문
에 1992년과 1997년에 농무부가 집계한 것보다는 농장 수가 다소
증가했다(그림 2.1). 지난 80년간 미국 농장 열 곳 가운데 일곱 곳이
사라진 셈이다. 농업총조사에서 농장의 토지를 의미하는 전체 농
지(farmland) 면적도 감소했다. 이 범주에는 경지(cropland)나 목초
지(pasture), 방목지(grazing land), 숲(woodland), 유휴지(idled land)
또는 보존 프로그램에 등록된 토지(land in conservation programs)

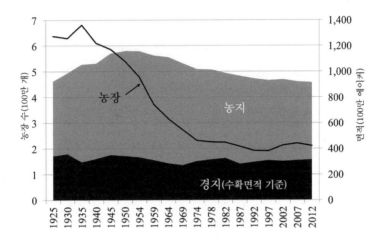

그림 2.1 미국의 농장, 농지, 경지(1925년 이후)

자료: 미 농무부 농업총조사(Census of Agriculture) 자료를 이용하여 저자가 작성.

등 농업인이 소유하거나 임차한 모든 토지가 포함된다.

1950년 이후 농지 면적은 21퍼센트 감소했는데, 이는 주로 '한계(marginal)' 농장이 사라지거나 농지에서 농업 생산을 중단하거나 또는 농지를 다른 용도로 전환함에 따라 나타난 결과이다.[USDA, NASS, 2014] 농업총조사에서 농산물 생산에 이용된 농지를 가장 잘 나타내는 범주는 경지(수확면적 기준)다. 이 범주에는 작물이나 건초를 재배하거나, 크리스마스 트리와 같은 단기 육성용 목재를 생산하거나, 기타 과수원, 포도밭, 딸기 농장, 육묘장, 온실 등에 이용된 토지가 포함된다. 경지 면적은 1950년대 이후 8퍼센트 감소에 그쳐 변화가 적은 편인데, 1987년 기준으로는 3,000만 에이커 정도가 증가했다. 농장에는 다양한 유형이 있지만 지금까지 농업에서는 수확량을 증가시킨다든지 또는 동일하거나 보다 적은 농지에서 보다 많은 농산물을 생산한다는 개념이 지배적이었다. 이로 인해 미국의 농업에서는 소량의 작물과 축산물을 생산하는 다수의 소규모 농장으로부터 대량의 작물과 축산물을 생산하는 소수의 대규모 농장으로의 전환이 진행되고 있다. 이는 앞으로도 계속될 것이다.^(Hart, 2003)

미국 농무부 정의에 따르면, 농장(farm)이란 "연간 1,000달러 이상의 농산물을 생산하여 판매하거나 통상적으로 판매한 것으로 보이는 장소"를 말한다.^(USDA, NASS, 2014) 미국 노동통계국(BLS)에 따르면, 물가 상승률을 감안할 때 1974년의 농산물 1,000달러는 2012년의 4,800달러에 해당한다. 이는 오늘날 1,000달러 기준을 충족한 농장의 매출액이 실은 1974년 농장 기준에 도달하는 데 필요한 매출액의 20퍼센트에 불과함을 의미한다.

농장 규모는 오하이오주로부터 서쪽으로 일리노이주와 아이오와주를 거쳐 대평원에 이르기까지 점차 증가하는 패턴을 보인다.

이는 미국의 개척사와 토지 구획 제도를 비롯하여 농업 방식과 환경 특성 등에 기인한다. 서쪽으로 정착지가 확장함에 따라 농장의 규모가 증가했는데, 이는 연 강수량이 감소하면서 나타나는 수확량 감소와 부족한 사료를 만회하기 위한 경작지 및 방목장의 추가 확보 등에서 비롯된 것이다. 그런데 이 과정에서 일리노이주의 중동부와 인디애나주 서부에 해당하는 그랜드프레리(Grand Prairie)는 이러한 경향성에 비해 농장 규모가 유독 큰 것으로 나타났다. 이 지역에서는 습지에 수로를 내어 배수한 후 옥수수와 대두 등의 환금작물을 재배했다.[Hart, 1991] 또한 로키산맥의 내부 및 서부에서는 이와 같은 점진적인 변화 패턴에 갑작스런 변화가 나타난다. 이는 비교적 짧은 거리에서 기후 및 기타 경작 조건이 크게 변화했기 때문이다.

농장의 유형과 소유권

1970년대 중반 이후 미국 농장의 평균 규모는 약 430에이커(약 174헥타르)로, 다소 오해의 소지가 있지만 비교적 일정하게 유지되었다. 지난 30여 년간 농장의 평균 경지 면적도 거의 변화가 없었다. 다만 2007~12년에는 경지 면적이 241에이커(약 98헥타르)

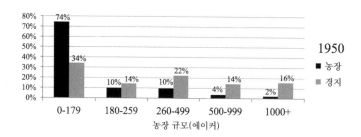

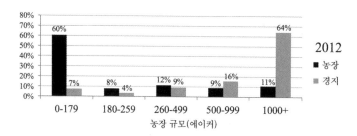

그림 2.2 농장의 규모와 경지면적 (1950년, 2012년)

자료: 미 농무부 농업총조사(Census of Agriculture) 자료를 이용하여 저자가 작성.

에서 251에이커(약 102헥타르)로 소폭 증가했다.[USDA, NASS, 2014] 작물 생산 농장의 경우 지난 수십 년간 중간 크기의 농장은 그 수가 감소한 반면, 양 극단의 농장은 그 수가 증가했다. 결과적으로 평균 경지 면적은 비교적 일정하게 유지될 수 있었다(그림 2.2).

미국의 농장은 1950년에 90퍼센트 이상이 500에이커 이하였고

이들이 미국 농산물의 70퍼센트를 재배했다.[U.S. Department of Commerce, 1952]
그런데 2012년에는 상위 20퍼센트의 농장이 경지 면적의 80퍼센트를 차지했다. 시간을 거슬러 올라가서 일리노이주의 사례를 보면, 1925년 이 지역 농장의 80퍼센트가 50~500에이커 규모였고 이들이 주 경지 면적의 93퍼센트를 차지했다.[U.S. Department of Commerce, 1928]
2012년에는 주 경지 면적의 82퍼센트를 상위 28퍼센트의 농장이 차지했다. 이 가운데 14퍼센트는 500~1,000에이커였고 그중 14.4퍼센트는 1,000에이커를 넘었다.[USDA, NASS, 2014] 이처럼 경지 소유권은 계속해서 대형 농장으로 이동하고 있다. 대규모 농장 소유주나 투자자를 제외한 대부분의 농업인들은 높은 경지 가격으로 인해 농지를 구매하는 데 한계가 있기 때문이다.[Hart and Lindberg, 2014]

그렇다면 농장 소유권에는 어떤 변화가 나타났을까? 이는 농장 규모에 대한 일반 대중의 인식에 의문을 제기한다. 오늘날 대형 농장은 우리가 소비하는 농산물의 많은 부분을 생산하고 있다. 이들은 엄청난 양의 농기계를 사용하고 방대한 토지와 대량의 현금 및 고가의 투입물을 필요로 한다. 나아가 부재지주, 즉 농업에 종사하지 않으면서 토지를 소유한 사람들이 이러한 대형 농장을 소유하는 경향이 심화되고 있다. 일반적으로 대규모 농업은 기업농업(corporate farming)과 동일시되는데, 이는 부분적으로만 맞는 말이다.

농업총조사에서는 농장을 법적 지위에 따라 다음과 같이 분류한다. 가족 농장 또는 개인 농장, 파트너십 농장, 가족형 기업 농장, 비가족형 기업 농장, 기타 농장 등이다. 가족 농장 또는 개인 농장(family or individual farms)은 한 가족이 소유한 농장이다. 파트너십 농장(partnerships)은 복수의 가족 농장이 자본을 투자하고 이익과 손실 및 경영까지 공유하는 형태다. 가족형 기업 농장(family-corporate farms)은 주요 주주가 혈연이나 혼인 관계에 있다는 점을 제외하면 비가족형 기업 농장(non-family corporate farms)과 다를 바 없다. '기타' 농장에는 협동조합(cooperatives)으로 운영되는 농장, 기업적 대농장(estate)과 신탁자산(trust)에 속한 농장, 기관에 속한 농장 등이 있다.

미국에서는 평균적인 규모의 농장도 '기업적' 외양을 하고 있다. 그러나 이 나라에서 가장 일반적인 유형은 가족 농장이다. 1978년 이후 시행된 농업총조사에서 '가족 농장'은 줄곧 86~90퍼센트를 차지했다.(USDA, NASS, 2014) 반면 '기업 농장'은 미국 농장 가운데 2~5퍼센트로 보고되었는데, 이러한 수치도 오해를 부를 수 있다. 왜냐하면 이 범주에는 다양한 형태의 '가족형 기업 농장'이 포함되기 때문이다. 이들이 전체 기업 농장 가운데 88~91퍼센트를 차지한다. 이는 세금 및 기타 목적으로 가족의 농장 사업을 '법인화'하는 것이 유리할 때 취하는 농장 유형이다. 기업 농장은 또한 소송이 발생할 경우 자산 보호에 유리하며 세대 간 자산 이전이나 가족 내 자녀 세대에 대한 증여도 용이하다.

1990년대 중반 이후 가족 농장의 수적 변화는 농지 면적(경지와 방목지 포함)에 거의 영향을 미치지 않았다. 가족 농장, 파트너십 농장, 가족형 기업 농장 등은 미국 전체 농장의 97~99퍼센트를 차지한다. 이 가운데 가족 농장 또는 가족형 기업 농장이 소유하고 운영하는 농지는 74~81퍼센트 정도다(2012년). 파트너십 농장과 기타 비기업형 농장을 포함하면 이 수치는 91~97퍼센트로 올라간다.(USDA, NASS, 2014)

1978년에는 위의 5개 유형 가운데 비가족형 기업 농장의 평균 규모가 920에이커(약 370헥타르)로 가장 컸다.(U.S. Department of Commerce, 1981) 하지만 2012년에는 비가족형 기업 농장의 평균 면적이 465에이커(약 190헥타르)로 축소되면서 650에이커(약 260헥타르)인 가족형 기업 농장의 평균 면적이 가장 큰 것으로 나타났다. 파트너십 농장의 평균 규모는 310에이커(약 125헥타르)에서 약 640에이커(약 260헥타르)로 두 배 이상 증가했다.

전체 경지는 대부분 가족 농장 또는 개인 농장에 속하는 반면(1978년 77퍼센트, 2012년 66퍼센트) 가족형 기업 농장의 비중은 6.5퍼센트에서 13퍼센트로 가장 많이 증가했다.^(USDA, NASS, 2014) 이 범주에 속하는 다수의 농장들은 과거 스스로를 개인 농장 또는 가족 농장으로 자처했으나 그동안 규모와 수익성이 성장함에 따라 법인화가 진행되었다.^(Raup, 2002)

한편 비가족형 기업 농장은 미국 대평원과 옥수수 지대 이외 지역에 주로 분포한다(**그림 2.3**). 이와 같은 유형은 동부 및 서부 해안과 서부 산간 지역, 플로리다반도 등에 군집하면서 과일과 채소 등 특수작물을 주로 생산한다. 지도에서 '10퍼센트 초과' 범주에 해당하는 카운티들은 전체적으로 농장 수는 적은 반면, 비가족형 기업 농장이 상당히 많이 분포한다. 존 프레이저 하트(John Fraser Hart)가 지적한 바와 같이, "소규모 농장의 비율이 높다고 해서 이를 많다고 할 수는 없다."^(Hart, 2001, 533)

농업인

2012년 현재 미국에서는 여성 농업인이 전체 농장의 약 14퍼센트를 경영했다. 1978년에는 그 비율이 5퍼센트에 불과했다.^(U.S. Department of Commerce, 1981) 농장을 대표하는 여성 경영인들은 크고 작은 농장을 운영하고 있는데, 이 가운데 4분의 3 정도는 연 매출 1만 달

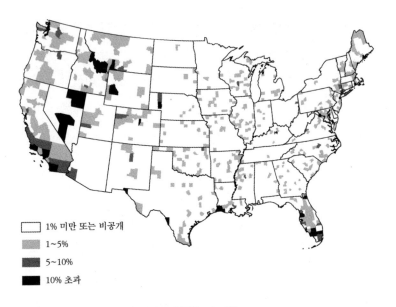

그림 2.3 비가족형 기업 농장이 소유한 농지 비율

자료: 미 농무부 농업총조사(Census of Agriculture, 2012) 자료를 이용하여 저자가 작성.

러 미만에 해당한다.[USDA NASS, 2014] 농장의 대표와 부대표를 모두 합산하면 여성 경영인은 거의 100만 명에 달한다. 이는 미국 농장의 약 절반에 해당하는 수치다. 여성 경영인들은 평균적으로 남성 경영인들보다 연령대가 높고 교육 수준도 높으며 농장 외부에서 적어도 파트타임으로 일하는 경우가 많다.[Hoppe and Korb, 2013]

농장 경영인들은 남녀를 막론하고 연령대가 높아지고 있다. 오늘날 남성 경영인의 평균 연령은 57세이고 여성 경영인은 59세인데, 이들의 평균 연령은 계속 상승하고 있다. 1978년에는 농장의 37퍼센트가 45세 미만의 남성들에 의해 운영되었는데, 오늘날에는 이 수치가 18퍼센트로 감소했다.(USDA NASS, 2014) 이처럼 농업 경영인들의 연령대가 높아지는 현상은 다음과 같은 경향과 관련지어 볼 수 있다. 즉 농업인들의 건강 관리가 양호해지면서 어느 때보다 오랜 기간 농장을 운영할 수 있게 된 것이다.(Hudson, 2001)

농장 경영은 주로 백인 남성이 주도하고 있다. 2012년 농업총조사에 따르면, 대표 경영인의 95퍼센트가 백인이다. 히스패닉계나 라틴계 농업인은 그 비율이 3.1퍼센트이고 아프리카계 미국인은 1.6퍼센트, 아시아계 미국인은 0.6퍼센트에 불과하다.

1900년만 해도 아프리카계 미국인은 전체 농장의 약 15퍼센트를 경영했다. 그러나 1950년에는 이 비율이 10퍼센트로 하락했고 이후 소규모 농장에 대한 압박이 커지면서 지속적으로 감소했다. 대출이 쉽지 않고 정부 보조금이 불균등하게 적용되는 등 아프리카계 미국인이 농업인으로서 겪는 어려움은 가중되었다.(Ficara, 2006)

농장에 종사하는 총인원 가운데 고용 노동자는 3분의 1 정도다. 이들 대부분은 생산성이 높은 대규모 농장에 고용되어 있는데, 특히 낙농, 과일 및 채소 농장에서 널리 활용되고 있다. 전체 농장 노동자 및 관리인 가운데 약 2분의 1이 히스패닉계다. 한편 농장 매니저는 비히스패닉계 백인이 일반적이다. 고용 노동자들은 과거 이주 노동자들이 대부분이었으나 오늘날에는 영주권자들이 다수이고 다섯 명 가운데 세 명은 미국 시민권자다.(USDA ERS, 2015)

옥수수 지대의 농장 운영

미국 중서부 지역은 옥수수 지대로서 미국 농업의 중심지다. 이 지역에 위치한 12개 주는 미국 전체 농장의 40퍼센트, 농지의 37퍼센트, 경지의 57퍼센트, 농산물 매출액의 46퍼센트를 차지한다. 중서부 지역에서 옥수수와 대두의 재배 면적은 미국 전체 재배 면적의 87퍼센트와 84퍼센트에 달한다. 또한 중서부 지역은 밀 재배 면적의 42퍼센트, 돼지의 78퍼센트, 육우의 42퍼센트, 젖소의 35퍼센트를 차지한다.(USDA NASS, 2014)

옥수수 지대의 농업과 농업인을 이해하기 위해 이 지역의 보편적인 농장 운영 주기를 살펴보고자 한다. 연간 운영 주기는 대부분 자연에 의해 영향을 받는다. 일반적으로 가을에서 겨울로 바뀔 때는 자연의 영향이 커지고 겨울에서 봄으로 바뀔 때는 그 영향이 작아진다. 농업인들은 연중 곡물 마케팅에 관심을 기울이고 다른 주와 국가의 작황을 주의 깊게 살펴본다.

옥수수 지대 중앙에 위치한 일리노이주의 경우, 전체 농지는 2,700만 에이커이고 이 가운데 작물을 재배하는 경지는 88퍼센트다.[Smith, 2014] 나머지는 대부분 남부 및 서부에 분포하는 삼림과 목초지다. 2012년 일리노이주에서 생산한 농산물의 시장가치는 172억 달러였다. 이 가운데 작물이 141억 달러(82퍼센트)였고, 축산물이 30억 달러(18퍼센트)였다.[USDA NASS, 2014] 일리노이주 농업에서는 가족 농장이 지배적이다. 주 농장의 99.5퍼센트가 가족 소유거나 파트너십 농장에 속하거나 또는 가족형 기업 농장이다. 이들 농장은 일리노이주 농지의 99.3퍼센트에 해당한다. 농장 대표의 평균 연령은 57.8세로 전국 평균 58.3세와 유사하다. 농장 대표 경영인의 60퍼센트는 일정 기간 농장을 떠나 다른 일을 하고 37퍼센트는 200일 이상 농장 이외에서 일을 한 것으로 나타났다. 오늘날 농업인들은 농업을 본업이라고 여기지 않는 경우가 많다. 2012년 일리노이주 농업인 가운데 49.6퍼센트가 농업을 본업으로 생각하지 않는 것으로 나타났다.

농장의 연간 주기

옥수수 지대의 농장은 예산 관련 업무로 1월을 시작한다. 농업인들은 지역의 곡물엘리베이터(grain elevator, 대형 곡물 창고)가 영업을 개시하는 날에 그곳을 방문한다. 그곳에서 지난 수확기에 판매한 곡물의 대가로 수표를 수령하고 지역 은행에서 운영 자금으로 빌린 대출금을 상환한다. 세금 관련 서류도 들어오기 시작하고 1월에 판매하기로 계약한 곡물도 농장 저장고에서 곡물엘리베이터로 운송된다.

이 시기에는 새해 사용할 종자 주문도 확정하고 농약과 비료 대금도 선납한다. 기계 창고에 방한 시설을 갖춘 농업인들은 수확기를 정비하거나 다가오는 봄철 파종기를 대비해 장비를 조립 또는 수리한다. 연례 회의도 이 시기에 시작된다. 농업인들은 마케팅 전략이나 새로운 도구 및 설비 또는 농작물 재해 보험 관련 지역 회의에 참석한다. 농가에서는 창고에 저장한 곡물을 어떻게 판매할 것인지 자신들만의 전략을 갖고 시장을 주시한다. 이 시기에 농가에서는 지역, 국가 및 국제적 수준의 수요와 공급을 고려하여 새해 어떤 작물을 재배할 것인지 결정한다.

2월에는 1월에 시작한 일들이 계속되는데, 진행 속도는 더욱 빨라진다. 농업인들은 세금 관련 서류를 수령하고 장비를 수리하며 곡물도 운송한다. 곡물 선물시장도 면밀하게 주시한다. 2월에도 미국 농림부 지역 사무실에서는 연방 농작물 재해 보험 관련 회의가 열린다. 월말이 되면 종자상들이 옥수수, 대두, 밀 등 당해 연도 주문 물량을 운송하기 시작한다.

3월에는 연방 농작물 재해 보험이 마감된다(15일). 세금 납부 마감일(4월 15일)도 가까워진다. 연방 농작물 재해 보험은 더스트볼(Dust Bowl) 사태(1930년대 미국 대평원의 중남부에서 장기간의 가뭄과 과잉 경작으로 인해 발생한 대규모 표토 침식 현상—옮긴이) 이후 시작된 정부 프로그램인데, 1980년 연방농작물보호법에서 제도가 정비되면서 본격화하였다. 이는 경작 연도에 발생한 손실이 농업인의 통제를 넘어서는 불가피한 위험으로 밝혀지는 경우 농업인을 보호하는 제도다. 2012년에는 전체 경지의 약 63퍼센트가 이 보험의 적용을 받았다.

농업인들은 계속해서 시장을 주시하고 3월 계약을 이행하기 위해 지역 엘리베이터로 곡물을 운송한다. 이 시기에 가장 중요한 것은 미국 농무부의 연례 농업 전망 보고서다. 농업인들은 이를 '재배 의향 보고서'라고 부른다. 이는 새해 전체 경작 계획에 관한 것으로 농업인들이 기대하는 가격 설정의 기준이 된다. 장비 수리 및 기타 장비 관련 문제는 이 시기에 완료되어야 한다. 봄철 파종에 사용할 종자도 도착한다. 토양 온도가 충분히 상승하면 언제든 파종 전 질소 비료를 살포할 수 있다. 잡초 소각, 파종 전 제초제 살포, 봄철 시비 등도 조만간 시행된다.

4월은 파종의 달이다. 이는 토양 조건이 충족되면 곧바로 진행된다. 농업인들이 재배 의사를 확정함에 따라 종자 운송이 마무리된다. 파종 전 제초제와 비료 살포가 본격화되고 파종이 완료되면 농지를 점검한다. 농업인들은 잡초와 병충해가 발생했는지 살피고 필요하면 제초제와 살충제를 추가로 살포할 수 있다. 일단 작물이 출현하면 다시금 제초제를 살포할 수 있다.

4~5월에는 옥수수 파종을 마무리하고 대두 제초제를 사전 살포한 다음 대두를 파종하기 시작한다. 파종 이후에는 옥수수에 제초제와 살충제 살포를 지속한다. 이와 같은 줄뿌림 작물의 파종이 마무리되면 도랑 풀베기, 장비 세척과 함께 잡초와 병충해 및 질병 등과 관련하여 농지 점검을 시작한다. 봄철 강우로 인해 종자가 유실될 경우에는 재파종을 하게 된다.

6월에는 작물의 발아 이후 시행하는 농약 살포가 이루어지고 봄철에 사용한 파종 장비를 세척 및 수리하여 보관한다. 일부 농업인들은 이때부터 가을철 수확 장비를 준비하기 시작한다. 배수로 제초 및 농지 점검도 계속되고 추후 사용할 농장 저장고를 비워두기 위해 곡물 운송도 계속된다. 겨울밀을 파종했던 농업인들은 6월 중순 내지 하순경에 밀을 수확하고 바로 그 자리에 이모작용으로 대두를 파종한다. 작물의 성장기(growing seasons)가 긴 지역에서는 겨울밀과 대두의 이모작이 일반적이어서 6월에 밀을 수확한 후 곧이어 가을에 수확할 대두를 파종한다.

7월이면 밀 수확이 종료된다. 그러나 도로변과 배수로 제초는 계속된다. 여름철은 '날씨 마켓'이 활성화되는 시기이기도 하다. 농업인들은 이를 통해 날씨가 자신과 이웃의 농작물에 어떤 영향을 미치는지 알 수 있다. 계절별 날씨 동향은 마케팅 기회를 창출하거나 망쳐버릴 수 있고 아직 수확하지 않은 곡물의 예상 가격에도 영향을 줄 수 있다. 가을철 수확에 사용할 연료와 가을철 비료(이는 다음 해 경작을 위해 수확 이후에 이용된다) 비용도 선납한다. 필요에 따라 옥수수와 대두에 살균제를 살포하고 수확용 장비의 수리 및 세척도 계속된다.

8월과 9월에는 가을철 수확을 위한 준비가 막바지에 이른다. 곡물 운송용 트럭을 비롯하여 수확에 이용할 옥수수 및 대두용 콤바인을 준비한다. 가을철 비료 사용 여부는 비용 선지급과 함께 확정된다. 수확 직전에 농업인들은 곡물을 저장할 창고가 준비되었는지 확인한다.

10월에는 수확이 본격화된다. 우천으로 인해 수확이 중단되는 날(이런 날은 수확 때문에 미뤄뒀던 장비를 수리하기에 더없이 좋은 날이다)을 제외하면 농업인들은 작물 수확에 집중한다. 일단 수확을 마치고 나면 가을철 농작업과 비료·석회·제초제 살포, 겨울밀 파종 등이 시작된다. 종자상들은 작물의 수확 상황을 파악하고 다음 해 종자 주문을 받기 위해 서둘러 농업인들을 방문한다. 늘 그렇듯이 농업인들은 곡물 시장을 면밀히 주시하고 겨울철을 대비하여 수확 장비를 세척하고 보관한다.

11월은 수확이 마무리되는 달이다. 가을철 야외 작업과 비료 살포 등은 지면이 얼기 전에 종료된다. 장비는 월동 준비를 하여 보관하고 다음 해 사용할 종자 구매를 확정하고 선납한다.

마침내 12월이 되면 수확한 농산물과 이듬해 작물의 시장 상황을 계속 주시한다. 남반구에서 여름철을 보내고 있는 남아메리카 농업인들의 작물 작황에도 관심을 기울인다. 이는 이듬해 북반구 농업인들의 작물 선택과 파종 규모에 상당한 영향을 미칠 수 있다. 이후로도 농사일은 끝없이 이어진다. 농업인들은 봄철 야외 작업과 파종에 필요한 장비를 손보는 일부터 시작하게 될 것이다.

전망

옥수수 지대 가족 농장의 연간 주기는 미국의 다른 지역의 가족 농장과 크게 다르지 않다. 단지 생산작물에 따라 차이가 있을 뿐이다. 2011년 기준으로 가족 농장은 경지를 보유한 농장의 약 90퍼센트와 전국 작물 생산액의 87퍼센트를 차지했다.(MacDonald, Korb, and Hoppe, 2013) 그러나 도전과 위험이 산재해 있다. 2012년 옥수수 지대의 경지는 에이커당 평균 7,000달러에 거래되었다. 따라서 옥수수 600에이커(약 240헥타르)와 대두 500에이커(약 200헥타르)를 재배하는 농업인이 농장을 성공적으로 경영하기 위해서는 장비와 토지, 기반 시설 및 기타 투입물 등에 약 800만 달러가 필요할 것으로 추산된다. 많은 경우 이와 같은 평균 규모의 농장을 운영하는 데 소요되는 자본과 부채는 매우 위험스러운 수준이다. 한 가족의 거의 모든 자산이 하나의 거대한 사업에 얽매여 있는 것이다.

농산물 생산과 토지 소유권이 대규모 가족 농장으로 옮겨갔음에도 불구하고 미국의 농장과 농업인은 남아메리카 및 아시아 여러 지역에서 발견되는 대규모 농기업(agro-businesses)과는 별개로 운영되고 있다. "가족 농장이 대규모 자본집약적 사업과 관련한 재정적 위험을 통제하고 관리할 수 있는 한, 그리고 가족이라는 조직의 강점인 국지화된 지식, 환경 변화에 대한 신속하고 유연한 대응, 상황별 행동 동기 등이 작물 생산에 요구되는 한, 가족 농장은 앞으로도 계속해서 독립적으로 운영될 것이다."(MacDonald, Korb, and Hoppe, 2013, 50)

제3장
옥수수 지대

옥수수 지대(Corn Belt)는 미국에서 가장 널리 알려져 있는 농업 지역이다. 이 지역은 가족 농장의 고향이자 삶의 방식 가운데 하나인 농업의 본거지다. 옥수수 지대는 중서부 지역과 공간적으로 중첩된다. 이곳은 그 자체로 전형적인 지역으로서 미국적 가치의 모범으로 평가된다. 이들 두 지역은 지리적 위치뿐 아니라 국민성을 규정짓는 데 미치는 영향력에서 미국의 핵심 지역으로 일컬어진다. 미국의 다른 어떤 지역도 이와 같은 위상을 가진 곳은 없으며 다른 어떤 농업도 '옥수수 지대 가족 농장'만큼 존경을 받지는 못한다.

미국 중서부의 진정한 특성은 옥수수 재배 지역 그 이상의 의미를 갖지만 옥수수가 지역 성장에 기여한 바는 크다고 할 수 있다. 클램피트(Cynthia Clampitt)가 서술한 바와 같이, "미래가 어떻게 되든 옥수수는 중서부의 문화와 경제, 식문화의 중심에 놓이게 될 것이다."(Clampitt, 2015, 237) 이는 옥수수라는 식물 자체에서 비롯된 그리고 식량 작물이자 사료 작물로서의 적응력에서 비롯된 다양한 역사적 · 환경적 영향에 기인한다.

옥수수의 탄생

세계적으로 메이즈(maize)로 알려져 있는 옥수수(학명 Zea mays, L.)는 인간이 발명한 작물이라 할 수 있다. 현대 유전학 연구에 따르면, 옥수수의 기원은 약 9,000년 전으로 거슬러 올라간다. 이 식물은 당시 멕시코 남부 고원 지대에서 처음으로 재배되기 시작했다.(Matsuoka et al., 2002) 옥수수는 야생의 일년생 볏과 식물 테오신테(teosinte)에서 유래했다. 이 식물은 키가 크고 잎이 무성하며 여러 줄기에 이삭이 많이 달린다. 전체적으로 옥수수와 닮았지만 이삭은 별로 닮지 않았다(당시의 테오신테는 이삭은 여럿 나왔지만 알곡의 크기가 작고 양이 적어 오늘날의 옥수수와는 큰 차이를 보였다―옮긴이). 멕시코의 초기 재배지에서는 알맹이가 여러 줄 있는 이삭을 의도적으로 선택했을 것이다. 오래지 않아 이 식물은 사람들에 의해 사방으로 전파되었다. 남쪽으로는 칠레, 북서쪽으로는 건조한 소노란(Sonoran)사막, 동쪽으로는 카리브제도, 북쪽으로는 캐나다에 이르기까지 퍼져나갔다. 오늘날 수많은 옥수수 종은 이 식물이 새로운 영역으로 분산된 결과 나타난 유전적 고립의 산물이다. 1492년 콜럼버스가 도착했을 무렵 남·북 아메리카 도처에는 200개 정도의 옥수수 품종이 있었던 것으로 추정된다.^(Beadle, 1980)

옥수수에는 알맹이가 푸른색 또는 붉은색 옥수수, 팝콘용 옥수수, 단옥수수, 내건성(耐乾性) 품종 등 다양한 변종이 있다. 이 가운데 옥수수 지대 옥수수의 근간을 이룬 것은 두 가지 계통이다.

하나는 길고 가늘며 끝이 뾰족한 옥수수자루에 알맹이가 8줄인 인디언 옥수수다. 이것은 뉴잉글랜드 경립(硬粒) 옥수수(New England Flint corn)라고도 하는데, 멕시코에서 미국 서남부의 건조 지역으로 도입된 옥수수에서 유래한다. 그곳에서 이 작물은 인간의 이주와 교역을 매개로 동쪽으로 퍼져나갔고 약 1,400년 전 미시시피강 유역에서 원주민들의 식량 작물이 되었다. 그리고 마침내 뉴잉글랜드 지역에 도달했다.

다른 하나는 옥수수자루가 수류탄 모양을 한 옥수수다. 이것 또한 멕시코 남부 고원 지대의 초기 재배에서 비롯되었고 확산 경로는 남쪽과 동쪽 방향이다. 안데스산맥과 아마존 저지대, 카리브 제도 등에서 초기에 재배된 종들은 공통적으로 옥수수 이삭이 수류탄 모양이다. 이에 관한 설명은 18세기 버지니아주 농업에 관한 기록에서 찾아볼 수 있다.[Beverly, 1772] 옥수수자루는 짧고 굵으며 찌그러진 알맹이가 18~22줄 생기는데, 부드러워서 소와 돼지가 쉽게 먹을 수 있었다. 마치종(馬齒種) 옥수수(Dent corn)로 알려진 이 품종은 1800년경 미국 동부에서 사료용으로 생산되었다.

이들 두 가지 옥수수가 중요한 것은 양자가 서로 다른 특성을 보여서라기보다 서로 자유롭게 교배될 수 있었기 때문이다. 처음에는 두 가지 옥수수가 동일 지역에서 우연히 교배되었을 것으로 추정된다. 그러나 사람들은 두 가지를 함께 재배할 때 더욱 우수한 옥수수가 생산된다는 것을 깨닫게 되었다. 이것이 방임수분으로 시작된 옥수수 지대 마치종 옥수수(Corn Belt Dent corn)의 기원이다. 이 종은 19세기를 거쳐 20세기에 이르기까지 옥수수 지대가 성장하고 확대되는 데 기여했다. 옥수수 지대 마치종 옥수수는 남부 마치종 옥수수처럼 알맹이가 여러 줄이고 뉴잉글랜드 경립 옥수수처럼 옥수수 이삭이 긴 모양이다. 이 종은 수확량이 많은데, 특히 농사를 짓지 않았던 곳에서 더 많이 생산되었다. 18세기 후반 애팔래치아산맥을 넘어 오하이오강 유역에 정착한 개척민들의 짐 속에도 이 옥수수가 섞여있었다. (Anderson and Brown, 1950)

옥수수 지대의 등장

이와 같은 초창기 옥수수는 애팔래치아산맥 서쪽에서 다섯 개의 비옥한 지역을 중심으로 생산되기 시작했다. 테네시주의 내슈빌(Nashville)분지, 테네시주-켄터키주 경계에 위치한 페니로얄(Pennyroyal)고원, 켄터키주의 블루그래스(Bluegrass) 지역 그리고 오하이오주 남서부의 버지니아군관구(軍管區)와 마이애미강 유역 등이다. (Hudson, 1994) 이들 다섯 지역의 정착민들은 18세기 후반 펜실베이니아주와 버지니아주에서 그레이트밸리(Great Valley)와 컴벌랜드 고개(Cumberland Gap)를 지나 서쪽으로 이주했다. 당시 그들은 농업의 근간이 될 경립 옥수수와 마치종 옥수수를 비롯하여 옥수수와 축산을 결합한 농법까지 함께 가져왔다.

이들 지역에서 생산한 옥수수는 가축의 사료로 이용되었다. 비육을 마친 가축은 다시금 애팔래치아산맥을 가로질러 볼티모어, 필라델피아, 뉴욕 등의 시장으로 출하되었다. (Henlein, 1959) 동부 지역으로 돼지를 판매할 때에는 대부분 절인 고기와 돼지기름, 가죽

등으로 가공한 후에 출하했는데, 우선 오하이오강과 미시시피강 하류로 운송한 후 최종적으로 동부 해안이나 해외 시장으로 판매했다. 옥수수 생산자들은 1820년대까지 인디애나주와 일리노이주의 하천 연안을 따라 서쪽으로 이동했다. 그들은 이 과정에서 소와 돼지를 비육할 목적으로 옥수수를 재배하는 기존의 확인된 전략을 따랐다.

1840년 농업 통계를 포함한 최초의 인구 조사가 시행되었다. 당시 워바슈(Wabash)강 하류 지역과 일리노이주 스프링필드 주변의 상거먼(Sangamon) 카운티가 주요 옥수수 생산지로 추가되었다(그림 3.1). 철도 건설이 본격화되던 1850년대까지만 해도 시장으로 가는 유일한 통로는 하천이었다. 옥수수를 재배하고자 하는 농업인들은 워바슈강, 미주리강, 일리노이강과 같은 하천 연안의 비옥한 평야 지역으로 몰려들었다. 이들은 서부의 비옥한 토지에 이끌려 오하이오강 연안으로부터 이주했다. 철도가 출현하자 농업 정착지는 더욱 빠르게 확대되었고 더 이상 가항 하천 인근으로 국한되지 않았다. 1860년경에는 인디애나주 중앙부와 일리노이주, 아이오와주 남동부 대부분이 옥수수 지대에 추가되었다. 이 무렵 옥수수 지대 마치종 옥수수는 미주리강 연안을 넘어 캔자스주 동쪽 끝자락까지 퍼져나갔다.

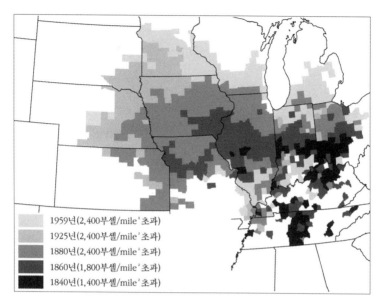

	1959년(2,400부셸/mile² 초과)
	1925년(2,400부셸/mile² 초과)
	1880년(2,400부셸/mile² 초과)
	1860년(1,800부셸/mile² 초과)
	1840년(1,400부셸/mile² 초과)

그림 3.1 옥수수 지대의 확대 과정(1840~1959년)

자료: 미 농무부 농업총조사(Census of Agriculture) 자료를 이용하여 저자가 작성.

옥수수가 서쪽으로 빠르게 확산된 배경에는 비옥한 토양과 시장에 대한 접근성뿐 아니라 옥수수의 역사와 유전자 구성도 중요한 역할을 했다. 옥수수는 C4 식물로서 여름철 고온기에 광합성 효율이 높아짐에 따라 빠르게 성장한다. 옥수수는 한해살이 볏과 식물에 속하며 초여름에 낮 시간이 길어지면 성장이 빨라지고 여름철 건기를 일정 기간 견딜 수 있어 물을 효과적으로 이용한다. 남쪽의 옥수수 종자를 북쪽의 고위도 지역에 파종할 경우, 옥수수는 그 지역에서 나타나는 장일(長日)의 성장기에 적응할 수 있다. 그러나 재배 지역의 북상은 수세대에 걸친 번식을 통해서나 가능한 일이다. 이러한 이유로 옥수수 농업은 오하이오강 연안으로부터 서쪽 방향으로 곧장 퍼져나가게 되었다. 이상으로 20세기에 이르기까지 옥수수 지대의 전반적인 확대 방향을 살펴보았다.

옥수수는 서부 개척과 함께 네브래스카주와 캔자스주 전역으로 계속 확대되었다. 그러나 1890년대 일련의 가뭄으로 인해 서쪽 방향으로의 확대는 중단되었다. 건조 한계에 도달하게 되자 옥수수를 재배하던 캔자스주 농업인들은 작물을 포기하고 동쪽으로 되돌아오거나 밀 재배로 전환했다. 가뭄이 발생하기 쉬운 환경에서 옥수수 재배보다 위험성이 낮았기 때문이다. 미국 대평원에서 옥수수 생산이 본격화한 것은 1950년대 이 지역에 대규모 관개가 도입되기 시작하면서부터다.

일단 옥수수 재배에 전념하게 되자 농업인들은 수확량을 늘리고 곡물을 개량하고자 실험과 경쟁에 열중했다.[Mosher, 1962] 중서부에서 경종농업(耕種農業)이 시작된 초기에는 옥수수 수확량이 놀라울 정도로 많았다. 그러나 초기 수확량은 유지되지 못하였다. 옥수수 재배가 오래 지속된 지역에서는 시간이 지남에 따라 수확량이 감소했다. 가축 분뇨를 비료로 이용하고 다음 해 생산성이 높은 옥수수를 종자로 파종하는 등의 노력에도 불구하고 수확량은 증가하지 않았다.

이 시기에 미국에서는 옥수수 수확량이 상당히 증가했는데, 이는 전적으로 옥수수 지대의 확장에 기인한 것으로 보다 많은 농업인들이 보다 넓은 농지에 옥수수를 파종한 결과다. 1880년까지 옥수수 지대는 북쪽의 아이오와주 전역으로 확대되었다. 1925년에는 네브래스카주와 사우스다코타주, 미네소타주 일대로 확대되었다. 미국의 옥수수 생산량은 1880~1925년에 40퍼센트 증가했는데, 옥수수 재배 면적도 이와 유사하게 39퍼센트 증가했다. 옥수수 수확량은 기상 조건에 따라 연도별로 등락을 보였다. 그렇지만 증산을 위한 노력에도 불구하고 일관된 상승 추세는 나타나지 않았다.

농업인들은 자신들이 재배하는 옥수수 품종이 초기의 경립 옥수수와 마치종 옥수수에서 유래한 특징들이 혼합된 것임을 인지하지 못하였다. 모든 경작지의 모든 옥수수 작물은 단지 우연에 의해 서로 차이를 보였다. 1900년경 멘델(Gregor Mendel, 1822~1884)이 최초로 발표한 유전 법칙이 다시금 재발견되었다.

옥수수 육종에 멘델의 법칙이 적용되면서 놀라운 성과를 얻을 수 있었다. 옥수수는 암술(옥수수염)에 떨어지는 꽃가루를 같은 포기의 수술에서 나온 것으로 제한하면 '자가수정'이 이루어진다. 이와 같은 자가수정이 여러 세대에 걸쳐 반복되면 결과적으로 원래의 조상과 여교잡(戾交雜, backcrossing)이 이루어지게 된다. 이처럼 근친 교배한 이삭은 곡물을 거의 생산하지 못하지만 차후 교배가 가능한 순계(純系, 순수 계통)가 된다. 이후 두 가지 순계 간 교배를 통해 뉴잉글랜드 경립종과 남부 마치종 간 차이를 가져온 오랜 지리적 고립에 내재한 잡종강세(雜種強勢) 효과를 얻게 되었다.

잡종 옥수수가 널리 알려지면서 1940년경에는 잡종 옥수수가 옥수수 지대의 표준이 되었다.[Griliches, 1957] 이후 수확량이 꾸준히 증가했고 짧은 성장기와 장일(長日)에 더욱 적합한 새로운 잡종 옥수수를 중심으로 옥수수 생산 지역이 북쪽으로 확대되기 시작했다. 1950년대에는 미시간주 남부와 위스콘신주, 미네소타주 등의 농업인들도 옥수수를 재배했는데, 이는 재배 농가의 가축용 사료로 주로 이용되었다.

일반적으로 옥수수는 에이커당 약 1만 2,000개씩 파종했다. 이 정도면 옥수수 줄 간격이 충분하여 양방향으로 재배가 가능했다. 이 작물은 5월에 파종하여 10월에 수확한 후, 추후 이용할 수 있

그림 3.2 트랙터에 수확기를 부착하고 옥수수를 수확하는 광경 (1970년대)

자료: 저자 제공

도록 옥수수자루 상태로 농장에 저장했다. '옥수수 수확기'는 트랙터에 부착하여 사용했는데, 옥수수자루는 수확기로 잘라내어 그대로 저장할 수 있도록 트랙터에 실었다(**그림 3.2**). 1970년대 초반까지 에이커당 수확량은 80~100부셸 정도였다.

옥수수 지대와 대두

20세기 전반기에 옥수수는 미국 중서부 지역의 핵심 작물이었다. 그런데 농업에 더 이상 말을 이용하지 않게 되자 일부 농지의 용도 전환이 가능해졌다. 또 하나의 환금작물을 도입할 때가 된 것이다. 1930년대 미국의 농장에서는 대두가 시험 삼아 재배되고 있었는데, 이 시기는 잡종 옥수수가 처음으로 채택된 때이기도 하다. 이후 두 작물은 오늘날까지 함께 생산되고 있다.

대두(학명 *Glycine max L.*)는 원산지가 중국 동북 지방으로, 약 9,000년 전부터 재배되기 시작했다. 이 작물은 초록색 꼬투리에서 둥글고 흰 '콩'이 생산된다. 이에 관한 기록은 중국과 일본 문헌에서 발견되는데, 기원전 500년경까지 거슬러 올라간다. 1600년대 초반 일본에서는 두부와 낫토, 간장 등 대두를 원료로 한 식품을 생산하고 있었다.[Shurtleff and Aoyagi, 2014] 이처럼 아시아에서는 대두가 오래전부터 이용되고 있었으나 북아메리카에서는 19세기 말까지 거의 알려지지 않았다.[Piper and Morse, 1923]

미국 농무부는 당시 일본에서 여러 종의 콩을 수입하여 남부 및 중서부 농업시험장에 배포했다. 대두가 갖고 있는 특징 가운데 하나는 토양에서 대기 중 질소를 고정할 수 있다는 점이다. 이 작물에 서식하는 뿌리혹박테리아는 작물이 양분을 일부 내어놓게 만

든다(뿌리혹박테리아는 이 양분을 증식에 이용하는 반면, 질소 화합물을 만들어 작물의 뿌리에 공급하면서 작물과 공생한다—옮긴이). 이로 인해 대두는 옥수수를 생산하기에 다소 척박한 토양에 적합한 것으로 알려지게 되었다. 또한 질소 공급은 다음 해 경작기로 이어질 수 있으므로 대두를 재배한 땅에 옥수수를 심는 것이 유리하다. 옥수수는 질소를 엄청나게 소모하는 작물이다. 이후로 두 작물은 옥수수 지대 농장에서 함께 재배되고 있다.

대두는 일리노이주의 그랜드프레리, 아이오와주의 디모인로브(Des Moines Lobe), 인디애나주 북동부와 오하이오주 북부의 모미플레인(Maumee Plain) 등에서 성공적으로 재배되었다. 1960년경 대두는 이들 지역에서 재배 면적의 3분의 1을 차지했다. 대두는 이와 같은 초창기 옥수수 지대의 중심부로부터 옥수수 지대 전역으로 확산되었다(그림 3.3).

옥수수는 재배 농장에서 주로 사료로 이용되었다. 콩 줄기는 가축의 건초로 유용했지만 콩알은 그대로 이용하기 어려웠다. 대두는 분쇄 공장에서 콩기름과 대두박(大豆粕: 콩을 분쇄하여 기름을 추출하고 남은 부산물로서, 단백질 함량이 평균 44퍼센트로 높고 생산량이 많아 식물성 단백질의 주요 공급원이다—옮긴이)으로 가공할 때 환금 작물로서 가치를 갖게 된다. 콩기름은 특히 샐러드드레싱 및 기타

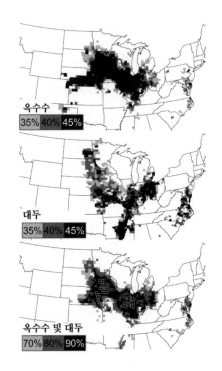

그림 3.3 옥수수와 대두의 재배 면적 비율 (2012년)

자료: 미 농무부 농업총조사(Census of Agriculture, 2012) 자료를 이용하여 저자가 작성.

가공식품의 주원료로 이용되고 대두박은 주로 가금류의 사료로 소비된다. 1930년대 이후 콩기름과 대두박에 대한 수요가 급격하게 증가했다. 미국에서 대두 재배 면적은 1939년 430만 에이커에서 1959년 2,210만 에이커로 증가했다. 옥수수 지대 이외 지역으로는 미시시피강 연안 충적지와 멕시코만 연안 평야에서 가금류 사료용으로 많은 양의 대두가 생산되었다.

옥수수 지대의 성장

옥수수는 20세기 중반에 다시 한 번 서쪽으로 확대되었다(그림 3.4). 일반적으로 옥수수 경작의 서쪽 한계는 남·북 다코타주와 네브래스카주의 중앙을 지나는 서경 100도 선이었다. 이는 대략 강수량 500밀리미터 선에 해당한다. 이 선의 서쪽에서는 비육장(肥育場)에 공급되는 건초용 옥수수(옥수수 수확이 어려운 건조한 환경에서 줄기와 잎을 이용할 목적으로 재배하는 것을 말한다—옮긴이)만을 재배할 수 있었다. 1881년 캔자스주 가든시티(Garden City) 인근에서는 수로를 이용한 중력식 관개가 시작되었다. 이와 같은 방식은 물을 지속적으로 공급하는 하천이 필요했으므로 널리 확산되지는 못했다. 오늘날의 회전식 스프링클러 관개는 강력한 펌프가 발명되면서 가능하게 되었다. 이 펌프를 이용하면 오갈랄라 대수층(Ogallala Aquifer, 하이플레인스High Plains 대수층이라고도 한다)에서 지하수를 끌어올릴 수 있었다. 대수층 상부의 관개 시설은

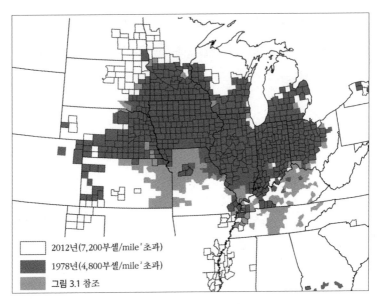

안에 표시된 범례:

- 2012년(7,200부셸/mile² 초과)
- 1978년(4,800부셸/mile² 초과)
- 그림 3.1 참조

그림 3.4 옥수수 지대의 확대 과정 (1978~2012년)

자료: 미 농무부 농업총조사(Census of Agriculture) 자료를 이용하여 저자가 작성.

곧 네브래스카주, 캔자스주 서부, 콜로라도주 동부, 오클라호마주
와 텍사스주의 돌출지(panhandles) 등으로 광범위하게 퍼져나갔
다.(Bremer, 1976; Green, 1973; Sherow, 1990)

1950년부터 2009년에 이르기까지 캔자스주에서는 옥수수 생산
량이 8,500만 부셸에서 5억 6,100만 부셸로 증가했다. 이는 주로

관개 시설을 채택한 농가가 증가한 때문이다. 그러나 1980년 이후로는 에너지 비용이 상승하고 이용 가능한 용수가 감소함에 따라 성장세가 둔화되었다. 일부 농업인들은 1980년대 중반부터 침식에 취약한 농지를 초지로 전환하는 연방 정부의 보존 유보 프로그램(Conservation Reserve Program)에 참여하기 시작했다(10장 참조). 옥수수 지대 가운데 서경 100도 선의 서쪽에서는 1950년에 4만 8,000에이커의 관개 농지에서 1,700만 부셸의 옥수수를 생산했다. 오늘날에는 260만 에이커의 관개 농지에서 약 6억 부셸을 생산하고 있다.

한편 새로운 잡종 옥수수 품종의 개발도 옥수수 지대가 북서쪽으로 확장하는 데 크게 기여했다.(Napton and Graesser, 2012) 노스다코타주 중동부에서는 성장기가 짧기 때문에 옥수수가 80~90일 이내에 성숙해야 하는 반면, 일리노이주 중부에서는 120일 정도의 성숙기를 거치게 된다. 성장기가 짧은 경우에는 잡종 옥수수도 단위면적당 수확량이 줄어들게 된다. 이상과 같은 두 가지 요소는 향후 다수확 옥수수의 재배 지역이 북쪽으로 확장하는 데 제한점으로 작용할 수 있다.

곡물 중심으로 농업 체계 재편

지난 75년간 옥수수 지대 농업에서 나타난 가장 중요한 변화는 농업 체계 자체가 재편되었다는 점이다.[Hart, 1986; 2003] 예컨대 미네소타주와 아이오와주에서는 그동안 옥수수 재배 면적이 소폭 상승하는 데 그쳤다. 구체적으로 보면 옥수수는 20세기 초반 이 지역 수확 면적의 약 40퍼센트에서 최근 약 50퍼센트로 증가하는 데 그쳤다. 반면 대두는 과거 경지 면적의 절반 이상을 차지하던 밀과 귀리, 건초 등을 대체하고 있다. 또한 이 지역 농업인들이 가축 사육을 중단함에 따라 연 매출에서 작물의 비중이 높아지게 되었다. 이처럼 옥수수 지대 농장에서 가축이 사라짐에 따라 목초지 및 건초 재배 농지에 대한 수요가 줄었고 대신 대두와 옥수수 재배 면적은 더욱 증가하게 되었다.[Napton, 2007]

예컨대 인디애나주와 일리노이주, 아이오와주의 경우 1900년에는 거의 모든 농장에서 소를 사육했고 농장의 4분의 3에서는 돼지를 사육했다. 그러나 2012년에는 소나 돼지를 사육하는 농장이 각각 27퍼센트와 5퍼센트에 불과하다. 옥수수 지대 농업인들은 가축을 사육하기 위한 추가 작업 대신, 시간과 자금을 옥수수와 대두 생산에 집중하고 있다. 이처럼 축산 농가가 크게 감소했음에도 불구하고 그동안 돼지 사육 두수는 3,700만 두에서 4,500만 두로,

소 사육 두수는 2,900만 두에서 3,800만 두로 각각 증가했다(6장).

새로운 시장

미국은 세계 최대의 옥수수 수출국이다. 미국에서는 옥수수 생산의 상당 부분을 수출하고 있는데, 이는 농산물 무역수지에 크게 기여하고 있다. 옥수수 수출량은 1970년대 초반 1,300만 톤에서 1980년 6,200만 톤으로 증가했다. 이는 주로 러시아와 일본 및 유럽의 수요 증가에 힘입은 것이다. 이후 수출은 등락을 거듭했고 브라질을 비롯한 여타 국가들도 주요 옥수수 수출국으로 부상했다. 미국 옥수수 수확량의 상당 부분이 에탄올 생산으로 전환됨에 따라 수출용 옥수수의 양이 제한되었던 것이다.

옥수수와 대두는 윤작에 의해 생산되는데 양자의 용도는 매우 상이하다. 생산 농가들은 이러한 사실에 별다른 관심을 기울이지 않는다(그림 3.5). 오늘날 환금작물을 생산하는 옥수수 지대 농업인들은 생산량을 극대화하는 데 주목하고 수확한 농산물을 경작지에서 구매자에게 가능한 한 빠르게 운송하는 데 관심을 기울인다. 에탄올이나 바이오디젤 제조 공장에 옥수수나 대두를 공급하지 않는 경우, 농업인들은 자신들의 농업 보조금이 얼마가 될지 알기

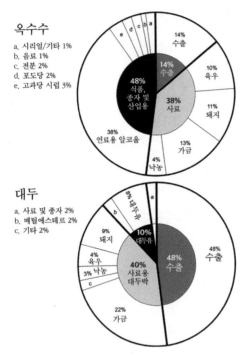

옥수수

a. 시리얼/기타 1%
b. 음료 1%
c. 전분 2%
d. 포도당 2%
e. 고과당 시럽 3%

14% 수출
14% 수출
48% 식품, 종자 및 산업용
38% 사료
10% 육우
11% 돼지
13% 가금
38% 연료용 알코올
4% 낙농

대두

a. 사료 및 종자 2%
b. 메틸에스테르 2%
c. 기타 2%

6% 대두유
9% 돼지
10% 대두유
4% 육우
3% 낙농
40% 사료용 대두박
48% 수출
48% 수출
22% 가금

그림 3.5 옥수수와 대두의 용도

자료: 미 농무부 농업총조사(Census of Agriculture, 2012) 자료를 이용하여 저자가 작성.

어렵다.

대두는 동물 사료 가운데 가장 중요한 단백질 공급원이자 식물성 기름 가운데 두 번째로 큰 비중을 차지하는 작물이다. 미국에서 생산되는 대두의 거의 절반이 원두 또는 대두박으로 수출된다. 중국과 멕시코, 일본, 타이완 및 유럽연합(EU) 회원국 등이 주요 고객이다. 미국의 가금류 산업은 사료용 옥수수와 대두박의 가장 큰 구매자다. 반면 육우 및 비육돈 생산자들의 수요를 합산하면 이들이 사료용 옥수수의 최대 수요자가 된다.

옥수수와 대두는 현재 미국에서 생산되는 바이오 연료의 주원료로 이용되고 있다. 옥수수로 만든 에탄올은 휘발유와 혼합되어 E10(에탄올 10퍼센트, 휘발유 90퍼센트)으로 생산되고, 대두는 바이오디젤(메틸에스테르) 생산에 이용된다. 대두는 약 2퍼센트가 디젤(soy diesel) 생산에 이용되는 반면, 옥수수는 38퍼센트가 에탄올에 사용되고 있다. 오늘날 미국에서는 옥수수 1부셸로 에탄올 약 2.75갤런을 생산하는데, 이는 평균 수확량 기준으로 에이커당 에탄올 약 500갤런을 생산하는 셈이다. 미국에서는 2014년에 약 2,800만 에이커의 농지에서 약 140억 갤런의 에탄올을 생산했다. 이는 아이오와주 전체 경지 면적과 맞먹는 수준이다. 에탄올 생산 과정에서는 가축 사료의 주원료인 주정박(酒精粕, 술지게미)이 부산물로 나오는데 이 또한 수출되고 있다.

옥수수를 이용한 에탄올 생산은 1990년대 후반부터 2000년대 초반에 급격히 증가했고 이후 2008년부터는 안정세를 유지하고 있다. 바이오 연료 생산은 미국 신재생 연료 의무 혼합 제도(RFS)에 의해 관리되고 있다. 이 제도는 2005년 에너지정책법의 일환으로 제정되었고 이후 2007년 에너지자립안보법(EISA)에 의해 더욱 강화되었다.(EPA. 2015) 이 프로그램에서는 2022년까지 신재생 연료 360억 갤런의 생산을 목표로 한다. 옥수수 기반 에탄올은 전통적 바이오 연료에 속하는데, EISA의 지침에 따르면 이는 150억 갤런에 이를 것으로 보인다. 나머지 210억 갤런은 목질계 에탄올과 차세대 바이오 연료로 공급될 것으로 예상된다.

기술 발전

1925년 이후에 미국 중서부 12개 주에서는 옥수수 수확 면적이 4퍼센트 정도 증가했다. 그러나 최근 10년을 보면 이는 오히려 감소하고 있다. 이는 농업인들이 자신들의 농지 가운데 가장 우수한 농지를 중심으로 증산에 주력하기 때문이다. 대부분의 농업인들은 1990년대 후반 유전자 변형 농산물(GMO)이 상업적으로 도입되자 이를 수용했다.(USDA 2015) 유전자 변형 농산물에는 제초제 저항성을 가진 것(HT), 해충 저항성을 가진 것(Bt) 또는 두 가지 형질이 중첩된 것 등이 있다. 제초제 저항성 작물은 농업인들이 제거하고자 하는 잡초와 함께 제초제에 노출되어도 생존이 가능하다. 해충 저항성 작물에는 토양 박테리아 유전자인 바실러스 튜링겐시스(*Bacillus thuringiensis*)가 포함되어 있는데, 이는 해충을 박멸하는 단백질 독소를 방출한다. 이들 두 가지 형질이 중첩된 품종이 미국에서 재배되는 옥수수의 92퍼센트와 콩의 94퍼센트를 차지하고 있다.^(USDA, 2015)

가장 흔한 제초제 저항성 품종에는 몬산토(Monsanto)가 생산하는 '라운드업 레디(Roundup ready)' 대두가 있다. '라운드업 레디'란 이 종자가 몬산토에서 제조해 판매하는 글리포세이트(glyphosate)에 내성을 갖도록 설계되었음을 의미한다(몬산토가 1974년에 개발한 제초제 글리포세이트의 상품명이 '라운드업'이며 세계보건기구는 글리포세이트를 발암물질로 규정했다—옮긴이). 글리포세이트는 잡초를 사멸시키는 활성 화학물질이다. 이 종자는 글리포세이트에 견딜 수 있도록 유전자가 변형되었기 때문에 잡초는 제거되어도 대두는 살아남게 된다. 제초제를 사용하면 농업인들은 작물의 초기 재배기에 잡초 관리를 위해 농지를 수차례 오가는 수고를 덜 수 있다. 이는 시간과 연료비 및 배기가스를 줄여줄 뿐 아니라, 중장비의 이동 횟수 감소로 토양 다짐 현상을 감소시켜 수확량을 늘리고 토양 침식을 줄여줄 수 있다. 제초제와 살충제 및 살균제 등과

그림 3.6 옥수수 수확: 콤바인으로 수확한 옥수수를 운반용 차량으로 옮기는 광경

이후 옥수수는 트레일러(뒤쪽)에 옮겨져 지역 곡물엘리베이터로 운송된다.

자료: 저자 제공.

함께 개량된 종자는 지난 반세기에 걸쳐 옥수수 수확량을 약 세 배로 늘리는 데 기여했다.

작물의 잡종화와 유전학 그리고 기타 생물 및 무생물 투입물의 발전, 나아가 농기계의 대형화 및 정교화(그림 3.6) 등으로 인해 농업인들은 수확량을 늘리고 농지를 개선할 수 있게 되었다.^(Anderson, 2009)

트랙터 상단에 탑재한 위성항법장치(GPS) 수신기는 여타 공간기술과 함께 이른바 정밀농업(precision agriculture: 농자재를 일정량 투입하는 대신 토양·지형·작물의 특성 등을 고려하여 투입량을 가변적으로 적용하는 농법—옮긴이)을 가능케 한다. GPS 신호를 통해 트랙터와 수확기가 정확한 진로를 따라 운행할 수 있으며 사람의 실수로 발생하는 불필요한 중복 운행을 방지하여 연료를 절약할 수 있다. 또한 GPS 기술은 토양이나 작물 조사 자료와 농약 및 비료의 적용 비율 간 관련성을 파악하는 데에도 이용된다. 이는 농자재 투입량을 가변적으로 적용하는 변량적용(VRA) 시스템이다. 예컨대 농업인들은 수확 후에 토양 조사를 실시하기도 하는데, 토양 산도나 비옥도를 지도화하기 위해 농지에서 표본을 채취한다. 이렇게 만든 지도는 농지에 대한 영양소의 적용 비율을 자동으로 조절하는 지침이 된다.

이와 같이 비료와 영양소의 정밀한 적용을 통해 농지에 사용하는 화학물질의 총량을 줄이고 비용을 절감하며 농지 보존에 기여할 수 있다.^(Auch and Laingen, 2015) 트랙터와 콤바인 및 대형 곡물 운송 차량은 바퀴 대신 고무 트랙을 사용하기 시작했다. 농기계는 더욱 대형화하고 경운(耕耘) 횟수는 줄어들면서 수확량 감소를 초래하는 토양 다짐 현상이 우려되고 있다. 고무 트랙을 이용하면 대형 농기계의 무게가 넓게 분산되어 토양 다짐 현상이 줄어들게 된다.

옥수수 지대 농업인들은 무(無)경운 및 대상(帶狀)경운과 같은 토양 및 양분 보존 기술도 채택하고 있다. 농업인들은 수확이 끝난 후 밭을 갈아 다음 해 봄철 파종을 준비하는 대신, 작물 그루터기와 여타 작물의 잔여물을 경지에 그대로 남겨둔다. 이는 바람과 물에 의한 토양 침식을 낮춰줄 뿐 아니라 토양의 수분 함량과 온도를 높여주게 되므로 정원사가 화단에 멀칭을 하는 것에 비유할 수 있다. 토양 수분이 증가하면 다음 해 봄철 작물에 도움이 되고 지온이 높아지면 종자의 발아가 빨라진다.

또한 작물 잔여물을 그대로 남겨두면 농지에 더 많은 양분이 남게 되어 토양의 유기물 함량이 증가하게 된다. 한편 작물을 양방향으로 넓게 경작하던 과거에 비해 오늘날에는 훨씬 조밀하게 파종한다. 최근에는 줄 간격 30인치(약 75센티미터), 포기 간격 5~6인치(13~15센티미터)가 표준이다. 1950년대 에이커당 1만 2,000개 종자를 파종하던 지역에서 오늘날에는 에이커당 4만 개 종자를 파종하고 있다.

옥수수 지대 농업인들은 오늘날 글로벌 농산물 시장의 일부가 되었다. 그들은 미국 대두의 최대 수입국이 된 중국 등 여러 국가의 시장 수요를 정확하게 파악해야 한다. 아르헨티나와 브라질 등에서 작물 수확량에 영향을 미치는 날씨가 어떠한지도 파악해야 한다. 양국을 합산하면 미국보다 더 많은 양의 대두를 생산하여 수출하고 있기 때문이다. 그동안 배수와 관개, 작물 유전학, 비료, 농약, GPS 및 농기계 등의 기술 혁신과 농업 정책의 변화로 인해 복잡한 경관이 창출되었는바, 이는 점차 지속 가능한 관리가 요구되는 자연의 선물로도 인식되고 있다.

제4장
밀과 곡물

밀은 약 1만 년 전 지중해 동부 연안 고지대에서 재배되기 시작한 이후 인간의 주요 식량작물로 이용되고 있다. 작물을 재배하기 시작하면서 인간은 비로소 수렵·채집과 같은 이동식 생활을 중단하고 정착 생활을 하게 되었다. 작물을 가꾸는 일은 장소에 대한 애착을 필요로 했고 사람들은 수확량을 늘리기 위해 다양한 시도를 했다. 농업이 시작되자 사회는 빠르게 변화했고 약 7,000년 전 중동과 지중해 연안에서는 위대한 문명이 하나둘 등장하기 시작했다.

밀은 인간이 경작한 초기 작물로서 사람들의 관심과 보살핌의

산물이라 할 수 있다. 여러 유용한 작물들이 볏과(학명 *Poaceae*)의 밀속(*Triticum*)에서 기원했다. 약 8,000년 전 시리아와 터키 및 이라크 등의 고지대에서는 외알밀(*T. monococcum*)과 엠머밀(*T. dicoccon*), 스펠트밀(*T. spelta*), 일반 밀(*T. aestivum*) 등이 등장했다. 다양한 유전적 조성에서 새로운 종이 생겨날 수 있다는 점에서, 이들 지역의 유전적 다양성은 오늘날에도 중요시되고 있다.

이 밖에 볏과의 보리속(*Hordeum*)으로는 흔히 보리라고 하는 대맥(*H. vulgare*)이 대표적이고 볏과의 호밀속(*Secale*)에는 재배 호밀(*S. strictum*)이 있다. 여기에 더하여 파스타용으로 생산되는 경질(硬質)의 듀럼밀(*T. durum*)이 있다. 듀럼밀은 약 7,000년 전에 재배되던 엠머밀 계통에서 발전한 것이다.(Weiss and Zohary, 2011)

밀을 이용하여 빵을 만들던 초기에는 이스트가 사용되지 않았을 것이다. 이스트는 공기 중에 있는 균류인데, 밀가루에 자연적으로 혼입되기도 한다. 이를 첨가하면 빵의 향과 조직이 크게 향상된다. 이스트는 약 4,000년 전부터 보편적으로 이용되었다. 그러나 1860년대 파스퇴르(Louis Pasteur)가 미생물의 발효 과정을 설명할 때까지 사람들은 그 원리를 이해하지 못했다. 이스트와 그 발효 과정은 보리에도 적용되어 맥주 생산이 가능해졌다. 제빵용 밀과 파스타 밀 그리고 위스키·맥주·와인 제조에 쓰이는 이스트 발효용 곡물 등은 결국 수천 년 전 단일 작물군에서 생겨난 것이다.

밀을 비롯한 기타 소립종(小粒種)은 상인들과 이주자들이 중동에서 들여온 것이다. 그들은 동쪽으로는 인도, 북쪽으로는 러시아의 스텝 지역, 서쪽으로는 지중해 연안까지 이동했다. 밀은 유럽에서는 6,000년 전에 그리고 중국에서는 4,000년 전에 이미 확고하게 자리를 잡았다(당시 중국에서는 쌀이 먼저 재배되고 있었다). 이들 지역에서 밀은 빵을 만드는 주요 곡물이 되었고 이는 오늘날까지 지속되고 있다.

밀을 비롯한 동종의 곡물들은 광합성 과정에서 식물 조직에 탄소를 고정하는 소위 C3 경로를 따른다. C3 식물은 서늘한 계절에 빠르게 성장하고 태양 고도가 높고 온난하여 곡물이 익어가는 계절에는 성장이 느려진다. 이러한 이유로 밀은 '호냉성(好冷性) 작물'이라 일컬어지는데, 그렇다고 해서 밀이 서늘한 기후에서만 자란다는 의미는 아니다. 밀 재배지가 유럽의 북쪽으로 확산함에 따라 점차 낮이 길어지고 성장 기간은 짧아지는 위도대로 진입하게 되었다. 이 과정에서 밀 유전자는 수천 년에 걸쳐 유럽을 중심으로 서서히 변화했다.

결과적으로 밀을 재배하는 두 가지 독특한 방식이 등장하게 되었다. 하나는 가을에 파종하여 태양 고도가 낮고 서늘한 계절에 키우고 겨울철 휴면기를 거쳐 다음 해 여름에 일찍 수확하는 방법이다. 이렇게 재배하는 밀을 겨울밀이라 하는데, 주로 겨울이 온화하고 여름이 더운 지역의 재배 유형이다. 한편 고위도 지역은 여름은 길지만 성장기는 짧기 때문에 이러한 지역에서는 가능한 한 봄철에 일찍 파종하여 가을에 수확하게 되는데, 이렇게 재배한 밀을 봄밀이라 한다.

밀 지대의 등장

유럽에서 밀의 생산과 소비는 매우 광범위하게 이루어졌다. 따라서 식민지를 개척한 국가들이 아메리카에 밀을 전파한 것은 놀라운 일이 아니다. 밀은 서반구의 다양한 환경에서 잘 자랐으나 옥수수를 주곡으로 이용하던 원주민들에게 밀은 생소한 것이었다. 에스파냐인들은 신대륙의 옥수수 농업을 재빨리 받아들였다. 반면 영국인들과 프랑스인들은 자신들의 개척지에서 옥수수가 지천으로 자라고 있음에도 밀 농사를 고수했다.

1700년대 중반경, 북아메리카 동부 연안의 개척지에서는 비옥한 지역을 중심으로 밀밭이 산재해 있었는데, 단위면적당 생산량은 낮은 수준이었다. 19세기 초반까지도 연간 100만 부셸(약 2만

7,000톤) 정도를 생산하려면 수천 명의 농민과 노동자가 필요했다. 인구가 증가함에 따라 사람들은 새로운 땅을 찾아 서쪽으로 이동했는데, 당시 새로운 땅에 도착한 정착민들이 가장 먼저 한 일은 밀을 파종하는 것이었다.

미국에서는 1840년부터 농업총조사에 작물 생산 통계를 수록하기 시작했다. 당시는 식민지 시대가 막을 내렸지만 미시시피강 유역에서는 유럽계 미국인들의 정착이 본격화하기 전이었다. 이 시기에는 비옥한 땅과 척박한 땅이 뚜렷하게 구분되었다(그림 4.1). 19세기 초반에는 뉴욕주와 펜실베이니아주, 메릴랜드주, 버지니아주 등의 완만한 구릉지가 '미국의 곡창 지대'였다. 이곳은 미국 최고의 농업 지역으로서 동부 연안의 도시들과 근접해 있었다. 북쪽의 뉴잉글랜드 지역은 인구는 많지만 토양이 척박하여 당시에도 남쪽의 비옥한 지역으로부터 밀을 구입하고 있었다.

지역 간 밀의 거래는 원곡물보다는 밀가루로 가공하여 거래되었다. 밀 재배 지역에서는 크고 작은 하천을 따라 소규모 제분소가 설치되었는데, 이는 수차를 이용해 크고 윤이 나는 두 개의 숫돌을 돌리도록 만든 시설이다. 당시에는 하천과 운하를 통해서 대량의 화물을 처리했으므로 밀가루를 시장으로 운반하기란 쉽지 않은 일이었다. 따라서 초창기에 밀 재배 및 제분업이 서부로 전

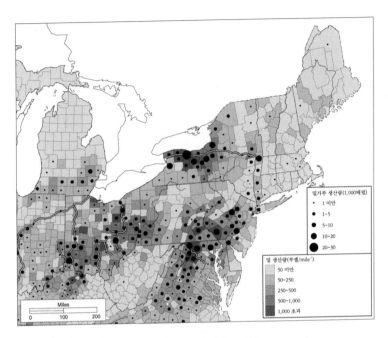

그림 4.1 밀과 밀가루 생산 지역 그리고 운하 (1840년)

자료: 미 농무부 농업총조사(Census of Agriculture, 2012) 자료를 이용하여 저자가 작성.

진하는 과정은 운하 건설과 밀접하게 관련되어 있었다.

1840년에 밀 경작지와 제분소가 가장 많이 집중된 곳은 뉴욕주 로체스터시 인근 제니시(Genesee)강 연안이었다. 당시 로체스터시 인근의 5개 카운티에서는 현지에서 생산한 밀로 약 100만 배럴의 밀가루를 생산했다. 1825년 완공된 이리 운하는 뉴욕시로 밀가루를 운송하는 주요 수단이 되었다. 뉴욕시에서는 이를 자체 소비하거나 다른 지역으로 재판매했다. 비옥한 농지와 운송 수단에 대한 접근성이 이 산업에서 얼마나 중요한 역할을 했는지는 제니시강 연안의 밀과 밀가루 생산의 성공에서 잘 알 수 있다.(McKelvey, 1949)

세 번째 밀 생산 지역이 1840년 오하이오강 연안에서 등장했다. 오하이오강과 이리호 덕분에 운송 수단에 대한 접근성이 확보되었던 것이다. 그런데 이리 운하의 성공을 좇아 운하 건설이 촉진되자 오하이오주와 인디애나주 내륙까지 수운이 확장되었다. 오하이오 운하와 이리 운하로 인해 오하이오주 동부의 제분업은 이리호 및 오하이오강과 연결되었고, 오하이오주 서부에서는 마이애미 운하와 이리 운하가 같은 역할을 했다. 워바슈(Wabash) 운하와 이리 운하는 밀 생산이 인디애나주 북쪽으로 확산하는 데 기여했고, 화이트워터(Whitewater) 운하는 남부 인디애나주가 신시내티시의 대규모 하항(河港)과 연결되는 데 도움을 주었다.

그렇지만 운하는 일시적인 수단에 불과했다. 1850년대 새로운 대안이 등장한 것이다. 밀 재배 지역이 서쪽의 미시간주와 위스콘신주 그리고 미시시피강 연안으로 확대되자 5대호 연안의 항구에서 내륙으로 철도가 부설된 것이다(그림 4.2). 세인트루이스시 주변

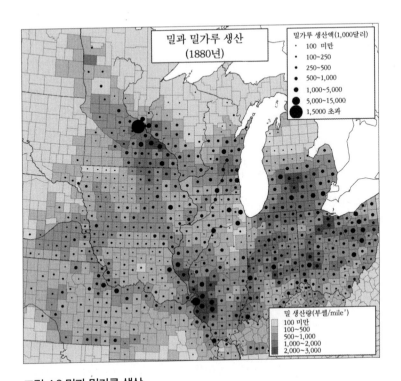

그림 4.2 밀과 밀가루 생산

자료: 미 농무부 농업총조사(Census of Agriculture) 자료를 이용하여 저자가 작성.

과 미시간주 남부에서는 로컬에서 생산된 밀을 기반으로 제분소의 집중화가 새롭게 진행되었다. 제분소의 분산적 특성은 밀 생산의 분포와 일치했는데, 이는 제분업이 아직 로컬 산업이었음을 의미한다. 그런데 이러한 패턴은 미니애폴리스시가 미국 최대 제분 도시로 부상하면서 변화를 맞게 된다. 제분업과 철도 건설에 힘입어 미국 서북부 지역이 미니애폴리스시에 밀을 공급하는 대규모 밀 생산지로 발전하게 된 것이다.

미니애폴리스 제분 업체에 밀을 공급하는 농가들은 주로 적색의 단단한 봄밀(춘파형春播型 적색 경질밀이라 일컬어진다—옮긴이)을 생산했다. 이 작물은 단백질 함량이 높은 대신 밀가루 색상이 어둡고 불순물도 섞여 나왔다. 19세기 초반부터 일반화된 기존 제분 시스템에서는 밀을 단 1회만 분쇄했는데, 1870년대 유럽의 제분업자들은 강철 롤러를 이용해서 곡물을 여러 차례 분쇄하는 새로운 방식을 완성했다. 백색의 고운 밀가루를 생산하기 위해 가루를 체로 거르는 방식도 채택했다. 필스버리(Pillsbury)사와 워시번크로즈비(Washburn-Crosby)사 등 미니애폴리스시의 제분 업체들은 이와 같은 새로운 공정에 투자를 감행했다. 1880년대 미니애폴리스시 제분업은 미국의 제빵용 밀가루 시장을 장악했고 이 도시는 이후 수년간 미국 제분업의 중심지로 군림하게 되었다.(Kuhlman, 1929)

미국과 캐나다에서 생산된 모든 밀 품종은 여러 시기에 걸쳐 유럽에서 건너온 것들이다. 1870년대 말, 남부 러시아에 살던 독일계 메노(Menno)파 기독교도들은 자신들이 재배하던 여러 종의 밀을 캔자스주 중부로 들여왔다. 메노파 이주자들이 적색의 단단한 겨울밀(추파형秋播型 적색 경질밀이라 일컬어진다—옮긴이)을 캔자스주에 도입함에 따라 다시 한 번 생산이 확대된 것으로 보인다. 1900년경에 이르기까지 겨울밀 지대는 네브래스카주 남부로부터 오클라호마주 중부까지 확대되었고 동시에 역내에서 겨울밀의 비중도 높아졌다. 1920년경에는 겨울밀이 대평원 남부에서 대표적인 작물로 부상했다. 캔자스주 농업인들은 수년간 밀과 옥수수, 가축 등을 시험 생산해 왔는데, 결과적으로 새로운 밀 품종이 이 지역 농업인들의 주요작물로 자리를 잡게 되었다.(Malin, 1944)

이에 따라 1920년대에 이르기까지 두 개의 거대한 밀 재배 지역이 등장했다. 하나는 노스다코타주의 봄밀 지대(spring wheat region)로서 이후에 서쪽의 몬태나주로 확대되었다. 다른 하나는 캔자스주와 네브래스카주, 콜로라도주, 오클라호마주 그리고 텍사스주 돌출지 지역 등의 겨울밀 지대(winter wheat region)다(그림 4.3). 밀 재배 지역은 19세기 후반에서 20세기에 이르기까지 서쪽으로 계속 확대되었다. 1900년경에는 또 다른 밀 재배 지역이 워싱턴주 스포캔(Spokane)시 남쪽에서 등장했다. 팰루즈(Palouse)로 알려진 이 지역은 완만한 구릉지에 화산토가 분포하며 강수량이 겨울철에 최대치를 보임에 따라 겨울밀 재배에 이상적인 지역으

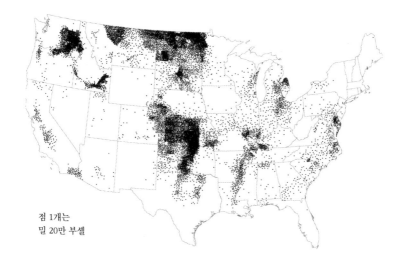

점 1개는
밀 20만 부셸

그림 4.3 미국의 밀 생산 지역 (2012년)

자료: 미 농무부 농업총조사(Census of Agriculture, 2012) 자료를 이용하여 저자가 작성.

로 확인되었다.(Meinig, 1968)

이들 세 지역은 지난 100여 년간 밀 재배지로서 제 역할을 다하고 있다. 팰루즈 지역의 겨울밀은 태평양 연안에서 아시아로 수출되거나 또는 내수용의 다양한 제빵용 밀가루로 가공된다. 노스다코타주와 몬태나주 북동부에 해당하는 봄밀 지대는 국경을 넘어 북쪽의 캐나다까지 이어져 있다. 북부의 봄밀 지대에서는 보리와 듀럼밀도 생산되고 있다. 지난 수년간 보리와 듀럼밀, 봄밀, 카놀라 등은 미국보다 캐나다의 앨버타주와 서스캐처원주, 매니토바주 등에서 더욱 많이 생산되고 있다.

이 밖에 나머지 지역은 대부분 겨울밀 생산지에 해당한다. 밀 주산지를 제외한 여타 지역에서는 흔히 성장이 느린 목초를 보호할 목적으로 밀을 파종하는데, 이는 목초가 발아할 시간을 벌기 위함이다. 또는 단순히 토양 침식을 예방할 목적에서 밀을 파종하기도 한다. 작물을 경작하지 않는 경우 토양 속 미생물의 활동성이 줄어들게 되므로 농업인들은 휴한지에 밀을 파종하고 추후에 이를 갈아엎어 '녹비'로 이용한다. 이는 토양 유기물 함량을 높여준다는 점에서도 바람직하다.

미국산 밀과 세계 시장

미국에서는 해마다 20억 부셸이 넘는 밀을 수확하고 있는데, 이 가운데 미국 내에서 가공하는 물량은 50~60퍼센트 정도다.(USDA, 2011) 나머지는 트럭과 철도 및 바지선 등으로 항구까지 운송한 후 전 세계로 수출한다. 생산량과 수출량은 해마다 변동이 크다. 이는 미국 연방 정부가 밀 공급을 통제할 목적으로 실시하는 가격 지원 프로그램과 미국 달러 가치의 변동에서 일부 원인을 찾을 수 있다. 이에 따라 해외 고객들은 미국 농산물의 가격 수준을 다소 매력적으로 받아들이게 된다.

미국에서는 1915년에 밀 생산량이 처음으로 10억 부셸을 넘어섰다. 이후 제1차 세계대전 기간에 유럽산 밀의 해외 공급이 원활하지 못하게 되자 미국산 밀의 해외 수출은 더욱 확대되었다. 1920~30년대에는 미국이 대외 동맹과 무역을 축소함에 따라 밀의 생산과 수출이 정체되었다. 이러한 상황은 제2차 세계대전으로 인해 급변하게 되면서 미국은 밀 수출국으로서 새롭게 부상했다. 1950년 이후 미국에서는 밀 생산이 증가했는데, 이는 내수보다는 수출과 관련이 크다. 미국은 1940년대부터 밀의 수출이 꾸준히 증가하여 연평균 10억 부셸을 넘었다. 1970년대 옛 소련에 대한 대규모 수출로 밀의 수출은 다시금 최고 수준을 기록했다.

미국은 세계 밀 생산량의 약 10퍼센트를 차지하는 반면, 세계 밀 수출량의 약 4분의 1을 차지하고 있다. 재배 기술 향상과 시장 변화로 최근 수년간 러시아, 우크라이나, 카자흐스탄 등에서 밀 생산이 증가했다. 그러나 미국에서는 밀 생산량이 일정하게 유지되고 있다. 장차 옛 소련은 밀 수출량을 늘릴 것으로 보이는 반면, 미국은 그 역할이 감소할 것으로 예상된다.(Liefert et al., 2010)

캐나다와 오스트레일리아, 프랑스, 터키, 아르헨티나 등도 밀을 대량으로 재배하여 수출하고 있다. 밀은 남극 대륙을 제외한 지구상의 모든 대륙에서 재배되고 있다. 이 작물은 세계 여러 지역에서 6개월마다 수확되고 10여 개 국가에서는 과잉 생산이 대규모로 진행되고 있다. 이로 인해 세계 식량 공급이 완전히 충족되는 것은 아니지만 식량 부족 문제가 심각해질 가능성은 낮아지게 된다.

추파형 적색 경질밀(겨울밀)은 미국에서 가장 널리 재배되는 품종으로서 제빵용 밀가루로 가공되는 주요 작물이다. 해당 품종은 약 25퍼센트가 수출되고 있는데, 주요 대상 지역은 라틴아메리카와 아프리카다.(USDA, 2011) 이와 대조적으로 듀럼밀과 춘파형 적색 경질밀(봄밀)은 수확량의 약 절반이 수출되고 있다. 대규모 파스타 산업을 보유한 이탈리아가 미국 듀럼밀의 최대 구매자이고 일본은 춘파형 적색 경질밀의 최대 고객이다. 노스다코타주는 태평양 연안으로부터 3,000여 킬로미터 거리에 있는 지역임에도 불구하고 대량의 제빵용 밀을 생산하여 이를 동아시아로 출하하기에 가장 유리한 지역이다. 같은 이유로 일본은 캐나다 밀의 최대 수입국이다.

워싱턴주와 아이다호주 및 오리건주에 걸쳐있는 팰루즈 지역 농업인들은 백색 연질밀을 생산하고 있는데, 이는 아시아 각국에서 즐겨 먹는 국수용 밀가루 생산에 적합하다. 일본은 미국산 백색 연질밀을 해마다 3,000만 부셸 정도 구입하고 있다. 일본이 미국에서 구입하는 밀의 총량은 연간 1억 2,000만여 부셸에 달하는데, 이는 노스다코타주 소재 상위 10대 밀 생산 카운티의 총생산량과 맞먹는 수준이다. 이 밖에 수십 개 국가에 수출하는 수백만 부셸을 더하면 미국의 연평균 수출량은 10억 부셸이 된다.

미국의 밀 수출량 가운데 10~30퍼센트는 정부의 식량 지원 프로그램을 통해 이루어진다. 이 가운데 가장 오래된 것으로는 1930년대 루스벨트(Franklin D. Roosevelt) 대통령의 제1차 뉴딜정책의 일환으로 설립한 상품신용공사(CCC: 1933년 농가 소득과 농산물 가격 지지를 목적으로 미국 농무부 산하에 설립된 기구이다-옮긴이)이다. CCC에서는 융자를 요청하는 농업인들에게 현금 대신 상품증권을 지급하는데, 이는 농업인들이 대출금을 농산물로 상환하고 대출을 요청하는 농업인들은 융자금을 현물로 받는다는 의미다. P.L.480이라는 또 다른 프로그램은 1950년대부터 운영되고 있는데, 이는 다른 국가들이 자국 통화로 미국 상품을 구매할 수 있게 하는 프로그램이다. 이집트는 세계 최대의 밀 수입국 가운데 하나로 해마다 약 1억 부셸 정도의 미국산 밀을 수입하고 있는데, 그 가운데 상당 부분은 미국의 경제 지원 프로그램의 보조를 받고 있다.

소비자의 선택

오늘날 통밀 가루나 표백하지 않은 밀가루, 유기농 밀가루 또는 글루텐을 함유하지 않은 밀가루 등이 이용되면서 밀을 비롯한 관련 곡물의 용도가 더욱 다양해지고 있다. 일반적으로 소비자들은 흰 빵을 만들 때 사용하는 밀가루가 밀의 일부분을 표백하여 생산한 것이라는 점을 인지하고 있다. 밀알은 바깥쪽의 어두운 색을 띠는 밀기울(속껍질), 녹말 성분의 내핵(배유), 배유로 둘러싸여 있고 비타민을 함유한 배아 등 세 부분으로 구성되어 있다.^(California Wheat Commission, 2016) 적색의 경질밀로 흰색의 제빵용 밀가루를 생산하는 경우, 어두운 색의 밀기울과 배아를 제거하고 내핵을 표백한 후, 제거한 영양소를 보충하기 위해 비타민을 첨가한다. 이러한 단계는 다수의 소비자들이 선호하는 흰 빵을 만들기 위한 과정이다.

빵을 만드는 밀가루로는 경질밀이 가장 적합한데, 미국에서는 1970년대 오스트레일리아산 백색 밀을 다량 수입하면서 비로소 백색의 경질밀을 이용하게 되었다. 백색 밀에는 밀기울 색을 나타내는 주요 유전자가 없고 밀기울의 맛도 순한 편이다. 1990년대 캔자스주와 노스다코타주 등 밀 재배 지역 소재 농과대학에서는 유전학자들이 하얀 통밀 빵을 생산할 수 있는 백색의 경질밀 개발에 착수했다.^(Paulsen, 1998) 그 결과 원곡물의 영양소를 모두 함유한 무

표백 밀가루로 빵을 만들 수 있게 되었다.

그러나 신품종 백색 경질밀을 재배한 일부 농업인들은 이내 어려움에 처하고 말았다. 당시 백색 밀에 적색 밀의 혼입이 엄격하게 금지되고 있었기 때문에 농업인들은 검사를 통해 재배한 밀이 100퍼센트 백색 밀임을 입증해야 했다. 이러한 신품종 밀 종자는 기존의 적색 경질밀에 비해 가격이 높았고 재배 기간도 길었을 뿐 아니라 판매 가격 또한 다수의 농업인들이 백색 밀로 전환하기에는 충분치 않았다. 백색 밀은 공급량이 적었으므로 가격은 상승했다. 이처럼 새로운 생산 체계로 전환할 만한 동기가 없었기 때문에 지금까지 적색 경질밀이 대표 작물로 남게 된 것이다.

신품종 밀 공급이 서서히 증가하자 원더 브레드(Wonder Bread)와 사라 리(Sara Lee) 등 주요 제빵 업체들은 흰색 통밀 빵을 판매하기 시작했다. 그런데 제분업계는 비용 절감을 위해 흰색 밀 30퍼센트에 적색 밀 70퍼센트를 혼합하여 사용했으므로 이전처럼 표백 작업과 영양소 보충이 지속될 수밖에 없었다. '통밀'로 판매한 제품에서 통밀 함량이 30퍼센트에 불과하다는 사실이 밝혀지자 제빵 업체들은 상표에서 허위 주장을 삭제하게 되었다.(Center for Science in the Public Interest, 2008) 하얀 통밀 빵에 대한 논란은 신제품 빵이 널리 받아들여지지 않으면서 종료되었다.(Lin and Vocke, 2004; Vocke et al., 2008)

GMO 밀

더욱 논란이 되는 것은 장차 유전자 변형 밀이 현재 생산되는 품종을 대신하여 재배될 수 있다는 점이다. 유전자 변형 농산물 (GMOs)은 다수의 소비자 단체와 환경론자들로부터, 특히 아시아와 서유럽에서 강력한 반대에 부딪혔다.[Berwald et al., 2006] 과거에는 주립 농과대학의 소규모 실험을 통해 신품종이 개발되고 일련의 재배 실험 및 추가 실험을 거쳐 상업적으로 생산되도록 출시되었다. 이러한 과정에 유전공학은 개입되지 않았다. 이는 민간 부문의 활동으로서 기존의 육종 방식보다 훨씬 많은 비용이 소요되므로 몬산토와 신젠타, 듀폰 등 대규모 생명공학 업체에서나 개발이 가능하다. 이들 기업은 GMO 밀과 같은 제품을 개발할 때 모든 재정적 위험을 감수하며 경제성이 없다고 판단될 경우 신중하게 대응한다.

최근 GMO 밀이 개발되기 시작했다. GMO 밀을 개발하는 주요 목적은 작물은 그대로 두고 잡초만 제거하는 글리포세이트 제초제(몬산토가 제조·판매하는 라운드업)에 견딜 수 있게 하기 위해서다. 오늘날 옥수수와 대두는 대부분 GMO 작물이지만 밀은 전혀 다른 상황이다. 실제로 GMO 밀은 오늘날 전 세계 어디에서도 상업적으로 이용되지 않고 있다.

유럽과 아시아에서는 GMO 밀을 격렬하게 그리고 일관되게 반대하고 있다. 이에 대해 일본만큼 강하게 반대하는 국가는 없을 것이다. 일본은 2012년 오리건주의 한 농장에서 GMO 밀이 발견되자 미국산 밀 구입을 두 달간 취소한 바 있다. 캐나다를 비롯한 여타 국가들은 이보다 온건한 입장을 취하고 있다. 이들에 따르면, 유전자 변형 기술로 밀을 개량할 경우 많은 수익이 발생하겠지만 몬산토사의 GMO 밀이 GMO 기술을 가장 효과적으로 적용한 것이라 보기는 어렵다는 것이다.(Bognar and Skogstad, 2014)

GMO 관련 주제는 지난 20년간 논란이 지속되고 있다. 몬산토사는 고수익의 GMO 밀이 옥수수와 대두에 빼앗긴 경지를 되찾을 수 있다고 보고 1994년 GMO 밀을 출시하고자 했다. 이에 대해 유럽과 아시아 국가들은 부정적인 반응을 보였다. 캐나다 관계자들도 해외 시장이 축소될 것이라는 우려 때문에 신품종 밀을 반대했다. 2000년대 초반에는 밀 가격이 낮았으므로 미국의 농업인들은 고가의 GMO 종자를 선호하지 않았다.

2012년 몬산토사에 따르면, 신품종 GMO 밀의 출시가 거의 임박해 있었다. 그런데 그해 말 오리건주에서 GMO 밀이 재배되고 있다는 사실이 갑작스레 알려지면서 다시 한 번 여론의 뭇매를 맞게 되었다.(Salem Statesman Journal, 2014) 많은 사람들이 말하는 것처럼 GMO

밀을 도입하는 것은 피할 수 없겠지만 그것이 시중에 나오는 시점
은 계속해서 미뤄지고 있다.

듀럼밀과 보리

봄밀·겨울밀과 밀접하게 연관된 곡물은 역사적으로 보나 용도
로 보나 듀럼밀과 대맥, 벼 등이다. 듀럼밀은 분쇄하여 세몰리나
(semolina)를 만드는데, 이는 단백질 함량과 글루텐 강도가 높아
파스타 제조에 이용된다. 이 곡물은 노스다코타주와 몬태나주에
서 4분의 3 정도가 생산되고 있다. 듀럼밀은 봄밀 농가에서 함께
재배하고 있는데 생산 지역은 광범위하다. 노스다코타주의 53개
카운티 가운데 50개 카운티가 듀럼밀을 생산한다.

보리는 "곡물 가운데 가장 광범위한 생태적 환경에서 서식하는"
것으로 알려져 있다.[Weaver, 1943] 미국에서 보리는 노스다코타주와 아
이다호주, 몬태나주에서 약 70퍼센트가 재배되고 있다. 그 밖에
알래스카주와 애리조나주에서도 상업적으로 생산되고 있다. 밀과
마찬가지로 보리는 19세기에 재배 지역이 서쪽으로 확대되었다.
뉴욕주는 한때 미국 최대의 보리 생산지였는데, 뒤를 이어 위스콘
신주가 생산을 주도했다. 1900년경에는 미네소타주와 노스다코타

주에서 주요 작물로 정착하게 되었다.

이 작물은 가축 사료 등 용도가 다양하지만 주로 맥주 원료인 맥아로 이용되고 있다. 맥아는 보리를 물에 담가 싹을 틔워 생산한다. 그런 다음 이를 건조시켜 로스팅한 후 저장해 두었다가 양조장으로 운송한다. 맥주의 다양한 색과 맛을 추구하는 맥주 회사들은 다양한 보리 품종을 연구하고 맥아 생산에 엄격한 사양을 적용하고 있다. 대부분의 보리 농가는 맥아 제조업체와 계약 생산에 의해 보리를 판매하고 있다.^(Taylor et al., 2005)

1980년대 초반까지만 해도 미국의 양조 업계는 메이저 브랜드 업체들이 장악하고 있었다. 그들은 맥아와 함께 쌀이나 옥수수 전분을 사용하는 양조 방식을 채택하고 필스너 맥주나 라이트라거 맥주 생산에 주력했다. 그들이 사용하는 보리는 몇 가지 품종으로 제한되었는데, 이들 품종은 다른 곡물과 함께 사용할 수 있도록 주립 농업시험소에서 개량한 것이었다. 그러나 수제 맥주 업체들이 원하는 보리는 기존 업체에서 이용하는 품종은 아니었다. 1980년대에 등장한 수제 맥주 업계는 100퍼센트 맥아 맥주에 적합한 유럽산 수입 보리를 이용하기 시작했다. 이에 따라 연간 1,000만~1,500만 부셸이던 보리 수입이 1990년대 3,000만~4,000만 부셸로 증가하게 되었다.

기존 맥주는 1990년대 초반부터 매년 약 0.6퍼센트씩 생산량이 감소한 반면, 수제 맥주는 생산량이 꾸준히 증가하여 현재 미국 맥주 시장의 약 8퍼센트를 차지하고 있다. 수제 맥주는 기존의 대량생산 맥주에 비해 배럴당 3~7배나 많은 맥아를 사용한다. 이로 인해 수제 맥주 업계는 현재 미국 맥아보리 생산량의 약 20퍼센트를 소비하고 있다.^(Bond et al., 2015) 농업시험장의 보리 연구자들은 수제 맥주에 적합한 보리 품종을 개발하고자 수제 맥주 업계와 협력하고 있는데,^(O'Connell, 2015) 결과적으로 맥주 제조용 보리 품종이 증가하게 되었다.

수제 맥주 생산은 지리적으로 차이를 보인다. 버몬트주는 미국에서 가장 대표적인 수제 맥주 생산지다. 46개 양조장에서 연간 성인 1인당 16.2갤런(약 61리터)을 생산하고 있다. 콜로라도주와 펜실베이니아주, 알래스카주, 오리건주 등도 생산량이 많은 편이다. 반면 아칸소주와 사우스다코타주는 성인 1인당 0.2갤런(약 0.8리터)으로 가장 낮은 수준이다. 미국 전역에는 약 3,500개의 수제 맥주 양조장이 있다. 이는 자가 제조한 수제 맥주의 4분의 1 이상을 매장에서 판매하는 술집과 음식점인 브루펍(brewpubs), 연간 생산 규모 1만 5,000배럴 미만인 소규모 양조장(microbreweries), 연간 생산 규모 1만 5,000~6백만 배럴인 지역 양조장(regional breweris)으로 세분된다. 맥주 시장에서 이들이 차지하는 비중은 지속적으로 증가하고 있다.^(Brewers Association, 2005)

쌀

벼는 아프리카와 동남아시아에서 기원한 열대 식물이다. 벼(학명 *Oryza sativa*)는 약 7,000년 전 중국의 창장(長江) 북쪽에서 재배되기 시작했는데, 이 지역에서는 관개를 통해 작물에 다량의 물을 공급했다. 중국의 관개 농법은 기원전 300년경 일본으로 전파되었다. 논에 물을 대면 물이 땅속으로 스며들게 되는데, 논벼는 이러한 논에서 재배한다. 이러한 방식은 미국뿐 아니라 중국과 일본에서도 가장 보편적으로 이용되는 농법이다.

16세기에 에스파냐인들은 서인도제도에 벼를 도입한 바 있다. 벼는 1700년경 미국 해안의 개척지에서 재배되었는데, 여기에는 "마다가스카르를 비롯한 아프리카 출신 노예들의 농업 기술"이 이용되었다. 그들은 당시 이 작물에 익숙했고 논 관리가 가능했기 때문이다.^(Sauer, 1993) 19세기 초반 벼농사는 이곳으로부터 서쪽으로 루이지애나주 해안까지 확대되었다. 이처럼 미국 동남부의 벼농사는 아프리카인들의 농업 지식에 기반을 두었는데, 이 지역에서 재배하던 품종들은 기계적 처리에는 적합하지 않았다. 1899년 일본에서 재배하던 벼가 루이지애나주에 도입되었고 이는 곧이어 발달하기 시작한 쌀 산업의 근간이 되었다.(Babineaux, 1967)

미국 중서부 출신 농업인들은 루이지애나주 연안에서 벼가 재배되는 것을 목격하고 1910년경 새로운 벼농사 지역으로 부상하던 북쪽의 미시시피강 연안 충적지에 이 작물을 도입했다. 미시시피강 서안에 위치한 아칸소주 동부 지역은 현재 미국 최대의 벼농사 지역으로 성장했다. 이 지역 농업인들은 라이스랜드라이스(RR)라는 마케팅 협동조합을 조직했는데, 오늘날 이 조합은 백미 부문 세계 최대의 유통 조직이다.

캘리포니아주 센트럴밸리(Central Valley: 캘리포니아주 중앙을 종단하는 중앙 분지로, 새크라멘토강 연안 충적지인 북쪽의 습윤 지역과 샌와킨강 연안 충적지인 남쪽의 건조 지역으로 구분된다—옮긴이)는 중국과 일본에서 비슷한 시기에 수입한 종자를 이용하여 벼농사 지대로 발전했다. 센트럴밸리 북부에 해당하는 새크라멘토강 연안 충적 평야는 새크라멘토강에서 끌어온 관개수를 이용하여 벼농사를 발전시킬 수 있었다. 캘리포니아주에서 생산된 쌀은 농업인들이 설립한 협동조합 파머스라이스(FRC)를 통해 일부 판매되고 있다.

미국인들도 쌀을 소비하지만 그 양은 많지 않다. 얼마 전까지만 해도 미국의 1인당 쌀 소비량은 연간 5파운드(약 2킬로그램)에 불과했다. 초밥을 비롯한 아시아 요리가 인기를 끌고 아시아계 인구가 증가하면서 오늘날에는 이 수치가 연간 20파운드(9킬로그램)로 증가했다. 이는 1인당 밀가루 소비량 135파운드(약 61킬로그램)에 비하면 매우 낮은 수준이다.

미국산 쌀의 절반가량은 멕시코를 비롯한 중앙아메리카와 아프리카 등에 수출되고 있다. 반면 미국은 자국에서 재배되지 않는 향미 품종, 예컨대 바스마티(basmati) 쌀이나 재스민(Jasmine) 쌀 등을 수입하는데, 주요 수입원은 태국·인도·파키스탄이다.[USDA, 2015] 다른 곡물과 마찬가지로 미국에서는 다양한 목적으로 쌀을 생산하고 소비하며 수출하고 수입한다.

제5장
낙농

미국 식품 산업에서 우유와 유제품의 생산 및 마케팅은 중요한 위치를 점하고 있다. 현재 미국의 연간 우유 소비량은 약 2,000억 파운드인데, 이 가운데 음용유는 약 30퍼센트이다. 모차렐라치즈와 체다치즈 등 치즈류에는 110억 파운드의 원유가 사용되고 나머지 대부분은 아이스크림과 요구르트, 버터에 사용되고 있다. 미국의 낙농업은 지난 200여 년에 걸쳐 확립된 농업 분야다. 그런데 최근 수십 년간 낙농업의 입지와 낙농장의 경영 규모는 커다란 변화를 겪고 있다.

낙농업의 등장

인간이 동물을 식량으로 이용하기 시작한 것은 인류만큼이나 오래된 일이다. 우유를 섭취하는 문화적 관습은 약 6,000년 전부터 시작된 것으로 보이는데, 이는 단일 지역에서 시작되었다기보다 세계 각지의 다양한 인간 집단에서 점진적으로 등장했다. 우유를 마시는 사람들은 우유의 영양상 이점을 얻게 되어 보다 건강하고 키도 더 큰 것으로 나타났다.[Simoons, 1974]

육상 포유류의 젖에는 유당(lactose)이 함유되어 있는데, 이는 소화 과정에서 락타아제라는 소화효소에 의해 가수분해되어 쉽게 흡수될 수 있다. 유아의 락타아제 활성도는 수유기에 높게 나타나고 이유 시에 낮아지는데, 이후 이러한 상태는 평생 유지된다. 따라서 포유류는 성인이 되면 유당 분해력이 감소하는데, 이를 유당 흡수장애라 한다.

유당 흡수장애는 인간 집단에 따라 발생 수준이 상이하기 때문에 그 이유에 대해 의문이 제기되었다.[Johnson et al., 1982] 가장 유력한 설명은 유전적 요인이다. 우연히 유당 흡수장애가 없는 사람들이 영양상 이점을 갖게 되고 이러한 이점이 후손에게 전해져 건강과 복지 수준이 향상되었다는 것이다. 수천 년의 진화 과정을 거치면서 인간 집단 사이에는 유당을 흡수하는 능력에 뚜렷한 차이를 보이게 되었다. 오늘날 유당 흡수장애 유병률이 낮은 집단은 대부분 예부터 유당이 풍부한 유제품을 섭취한 사람들이다. 이에 해당하는 지역은 북유럽과 아라비아반도, 인도반도 북서부 등이다.

반면에 열대 아프리카와 동아시아 지역에서는 대부분 착유에 적합한 가축을 보유했음에도 불구하고 가축의 젖을 섭취하는 경우는 거의 없었다. 이러한 지역에서는 유당 흡수장애 유병률도 높게 나타난다. 착유 전통이 없었던 아메리카 원주민도 마찬가지다. 또한 아프리카계 미국인도 동일한 특성을 갖고 있는데, 이들은 대부분 착유가 이루어지지 않았던 서부 아프리카의 열대 및 아열대 지역에 뿌리를 둔다.

이처럼 우유를 섭취하는 것은 과거 여러 지역에서 우연히 시작되었지만 유제품을 소화하는 기능은 유사하게 진화한 것으로 보인다. 유당 흡수장애 유병률이 낮은 집단으로는 서부 아프리카의 풀라니족, 동부 아프리카의 히마족과 투시족, 아라비아반도의 베두인족 등의 유목민이 있다.^(Simoons, 1982)

한편 유당 흡수장애 유병률이 낮은 북유럽에서도 가장 대표적인 국가는 덴마크다. 이 나라는 1인당 유제품 소비량이 세계에서 가장 많다. 프랑스, 네덜란드, 영국, 독일과 스칸디나비아 등 다른 북유럽 지역도 유당 흡수장애 유병률이 낮은 수준을 보인다. 이들 지역 출신 이민자들은 미국 북부 이민자 가운데 다수를 차지하는데, 이들의 이주는 19세기 미국 인구 증가에 가장 큰 기여를 했고 유당을 소화하는 능력은 이러한 이주의 부수적 결과라 할 수 있다. 어떤 면에서 초창기 유럽 출신 미국인들은 "낙농업을 시작할 준비"가 되어있었다.

미국 낙농업의 성장

전문 농업 분야로서 낙농업은 도시 외부로부터 유제품을 조달할 정도의 대도시가 출현하면서 시작되었다. 1840년경 보스턴과 뉴욕 및 필라델피아 주변 카운티에서는 지역별 판매량을 초과하는 많은 우유를 생산하게 되었다.

도시를 대상으로 한 시유(市乳, fluid milk) 생산은 낙농업에 대한 하나의 자극제였다. 시유만큼이나 중요한 품목으로는 버터와 치즈가 있다. 버터와 치즈는 도시에서 어느 정도 떨어진 곳에서도 생산이 가능하다. 1840년경 뉴햄프셔주와 버몬트주, 뉴욕주 북부 등은 대량의 우유를 생산하여 일부를 유제품 제조에 사용했다. 뉴잉글랜드 북부 지역이나 뉴욕주 북부와 같이 대도시에서 멀리 떨어진 지역의 경우 냉장 설비가 사용되기 이전에는 우유를 신선한 상태로 운송하기란 어려운 일이었다. 반면 저장성이 높은 치즈나 버터로 가공할 수 있었다. 따라서 낙농업은 시장에서 가까운 곳이든 먼 곳이든 주요 산업으로 발전할 수 있었다. 인근 지역에서는 우유가 공급되고 먼 곳에서는 버터와 치즈가 공급되면서 유제품 생산 지역이 광범위하게 형성되었다.

뉴잉글랜드 지역과 뉴욕주는 1880년경에도 미국 최대의 유제품 산지로서 전국 우유의 절반 이상을 생산했다. 낙농업 또한 서쪽 방향으로 확대되었는데 밀 재배 지역이 보다 서쪽으로 이동함에 따라 낙농업이 밀을 대체하기도 했다. 도시 인구가 증가하자 낙농업도 따라서 성장했다. 뉴욕주의 우유 생산량은 1880~1925년 사이에 세 배로 증가했다. 오하이오주는 같은 기간 10배로 증가했고 위스콘신주에서는 65배 이상 증가했다. 위스콘신주는 다양한 종류의 치즈 생산에 전문화되었고 미네소타주의 농업인들은 역내 버터 가공 업체에 우유를 판매했다.

우유 생산량이 많은 지역에서는 다른 유제품도 등장하기 시작했다. 예컨대 미국의 낙농 지역에서는 일반적으로 연유를 생산했는데, 연유란 우유를 가열하여 수분 함량을 줄인 후 포장한 것이다. 20세기에 냉장 설비가 도입되자 아이스크림 생산도 크게 증가했다. 코티지치즈, 사워크림, 휘핑크림, 셔벗도 새롭게 추가되었다.

1950년 미국 농무부가 발행한 '미국의 농업' 지도에 따르면, 낙농업은 메인주에서 미네소타주에 이르는 동북부 지역을 중심으로 전문화되었다.^(USDA, 1950) 태평양 연안 북서부 지역의 24개 카운티도 낙농업 지역으로 분류되었다. 낙농업은 옥수수 지대 북쪽과 대평원의 동쪽 지역에 이르는 미국 북부 지역의 주요 산업이었다. 이 지역은 습윤한 삼림 지대로서 겨울이 춥고 여름은 서늘하며 낮의 길이가 긴 곳이다(그림 5.1).

이러한 자연 조건은 젖소 사육에 있어 최적의 환경으로 평가되었다. 미국의 북부 지역은 여름이 비교적 짧고 낮의 길이가 긴데, 알팔파와 클로버, 싸리나무 등 건초용 콩과 식물은 이와 같은 환경에서 빠르게 성장한다. 이러한 작물들은 녹색식물을 먹이로 하는 젖소의 복잡한 소화기에 적합하다. 낙농가들은 옥수수도 재배하는데, 일반적으로 옥수수 줄기와 옥수수자루를 수확하고 이를 잘게 다져 사료를 생산한 후 사일로에 저장한다. 이는 동절기 젖소의 먹이가 된다(그림 5.2).

건초용 작물은 미국 동북부에서 잘 자라며 축사의 깔개용 짚이나 가축 사료로 매우 유용하다. 절단한 건초는 뭉치로 만들어 마른 상태로 저장한다. 이는 일반적으로 여름철에 가능한 작업인데, 여름철 짧게 나타나는 건조한 날씨에 이루어진다.

그림 5.1 미국의 낙농 지역 (1950년)

자료: 미 농무부의 Generalized Types of Farming in the United States(1950)를 이용하여 저자가 작성.

　뉴잉글랜드 지역과 위스콘신주·미네소타주에서는 이처럼 낙농업에 유리한 자연적 요인에 더해 문화적 배경도 살펴볼 수 있다. 협동조합에 의한 농산물의 공동 마케팅이 그것인데, 이는 19세기 유럽에서 시작되어 미국으로 빠르게 확산되었다. 생산자들은 협동조합을 이용한 공동 판매로 가격 및 양적 우위를 점할 수 있다. 낙농가들은 특히 인구가 적고 농산물의 가공 및 마케팅 관련 시

그림 5.2 위스콘신주의 전통적 낙농장과 착유우

자료: 저자 제공.

설이 부족한 촌락에서 협동조합을 활용한 마케팅을 광범위하게 이용했다. 농업인들이 소유한 일부 협동조합에서는 버몬트주 낙농가들 소유인 캐봇(Cabot) 치즈, 미네소타주의 랜드 오레이크스 (Land O'Lakes) 버터, 위스콘신주의 포모스트(Foremost) 등 유명 브랜드를 개발하기도 했다.

새로운 낙농업

캘리포니아주는 1965년에 미국 50개 주 가운데 인구가 가장 많은 지역이 되었다. 당시 이 지역은 위스콘신주와 뉴욕주 및 미네소타주를 잇는 4대 우유 산지였다. 이 시기는 위스콘신주가 '미국의 낙농 단지'로 군림하던 무렵으로 당시 캘리포니아주는 위스콘신주의 절반에도 미치지 못하는 우유를 생산했다. 캘리포니아주의 자연환경은 뉴잉글랜드 지역은 물론 위스콘신주와도 차이를 보인다. 캘리포니아주의 낙농업 지역은 둘로 나뉘는데, 하나는 '사육장 낙농업(feedlot dairies)'이라 하여 지붕이 없는 사육장에서 젖소를 기르는 로스앤젤레스 지역이고, 다른 하나는 대규모의 야외 사육장에서 연중 대량의 젖소를 키우는 센트럴밸리다. 결국 로스앤젤레스 인근의 지가가 지나치게 높아지자 낙농업은 센트럴밸리의 소도시를 중심으로 집중하게 되었고 오늘날에는 후자만 남아 있다. 캘리포니아주는 1993년 위스콘신주를 제치고 미국 최대의 우유 산지가 되었다.

캘리포니아주의 낙농업 중심지는 툴레어(Tulare) 카운티다. 이곳은 샌와킨밸리(San Joaquin Valley) 소재 프레즈노(Fresno)시와 베이커즈필드(Bakersfield)시의 중간에 위치한다.^(Shultz, 2000) 툴레어 카운티는 미국에서 우유를 가장 많이 생산하는 카운티로 매년 18억 달러 정도를 생산하고 있다. 이곳은 약 1세기 전 뉴잉글랜드 지역과 중서부 지역에서 시작된 마케팅 및 가공 방식을 따른다. 지역 낙농가들이 설립한 DCC(Dairyman's Cooperative Creamery)는 이 지역 최대의 협동조합이었는데, 1998년 미네소타주의 랜드 오레이크스 협동조합에 매각되었다. 툴레어 카운티는 캘리포니아주 우유 공급량의 약 4분의 1을 담당하는데, 이곳에서 생산한 우유는 대부분 트럭을 이용하여 로스앤젤레스로 공급되고 있다.

한편, 낙농업을 미국 동북부의 자연환경과 관련짓는 시각이 오랜 기간 지속되고 있다. 동북부가 전통적으로 낙농업이 행해지던 지역이지만 이와 같은 가정은 잘못된 것으로 드러났다. 7월 기온을 보면 위스콘신주 북부 낙농 지역에 위치한 워소(Wausau)시는 7월 평균 최고기온(일 최고기온의 월 평균-옮긴이)이 섭씨 21도 정도인 반면, 툴레어 카운티의 핸퍼드(Hanford)시는 7월 평균 기온이 섭씨 38도다. 야간 기온의 경우에는 핸퍼드시의 야간 최저기온이 연중 평균적으로 영상을 나타내는 반면, 워소시는 5~6개월 동안 영하에 머물러있다. 또한 핸퍼드시의 연 강수량은 210밀리미터에 불과하고 대부분 겨울철에 내리는데, 이는 연간 820밀리미터를 기록하는 워소시에 비하면 매우 낮은 수준이다.

캘리포니아주에서 이처럼 겨울 추위가 없다는 것은 가축들이 연중 옥외 사육장에서 지낼 수 있음을 의미한다. 물론 더운 여름철에는 차광 시설이 필요하다. 센트럴밸리의 건조한 기후는 관개를 통해 완화될 수 있다(심각한 가뭄에는 이마저도 한계가 있다). 위스콘신주와 캘리포니아주에서는 이와 같은 환경적 차이에도 불구하고 동일한 사료 작물을 급여한다. 캘리포니아주에서는 연중 성장기가 지속되므로 옥수수와 밀의 이모작이 이루어진다. 위스콘신주와 마찬가지로 옥수수와 옥수수 사일리지, 알팔파 등은 튤레어 카운티의 낙농업에서도 중요한 작물이다.

오늘날 미국 낙농 지역의 분포를 보면 세 가지 패턴이 나타난다(그림 5.3). 첫째, 수세대에 걸쳐 지속되고 있는 동북부의 전통적 낙농 지역이다. 이 지역에서는 낙농업이 수백 개의 카운티에서 널리 행해지고 있다. 둘째, 전통적으로 우유가 부족한 남부 지역이다. 이곳은 1인당 우유 소비량이 전국 평균에 미치지 못하고 동북부와 중서부에서 생산한 우유에 의존하고 있다. 셋째, 낙농업이 부상하고 있는 서부 지역이다. 이곳은 소수의 대규모 운영 단위가 특징적인데, 이 지역의 성장은 미국의 우유 생산 패턴의 주된 변화를 나타낸다.

이와 같은 지리적 변동과 함께 과거에는 생각지도 못한 대규모 낙농장이 등장했다. 이는 미국 서부 지역의 전형으로서 캘리

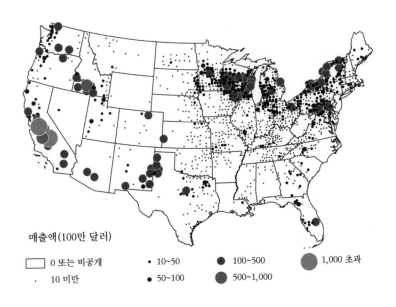

매출액(100만 달러)

☐ 0 또는 비공개	• 10~50	● 100~500	● 1,000 초과
﹒ 10 미만	● 50~100	● 500~1,000	

그림 5.3 낙농장의 원유 매출 (2012년)

자료: 미 농무부 농업총조사(Census of Agriculture, 2012) 자료를 이용하여 저자가 작성.

포니아주에서 처음 등장했는데, 평균 사육 규모가 500~1,000두
에 달한다. 한편 아이다호주와 텍사스주에서는 사육 규모가 평균
1,000~2,000두로 낙농장의 규모가 가장 크다. 이상 세 개의 주에
서는 소규모 낙농장도 운영되고 있지만 그 비중은 매우 작다(그림
5.4). 위스콘신주와 뉴욕주, 버몬트주의 경우에는 평균 사육 규모

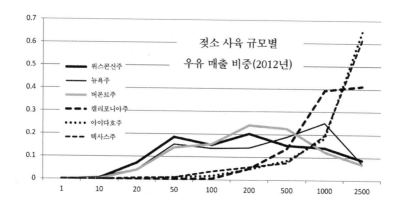

그림 5.4 주요 낙농 지역의 젖소 사육 규모별 우유 매출 비중

자료: 미 농무부 농업총조사(Census of Agriculture, 2012) 자료를 이용하여 저자가 작성.

가 50~200두 정도로 소규모 생산자들이 다수를 차지한다. 오랜 낙농 역사를 지닌 이들 지역에서는 대형 농장도 운영되고 있지만 그 수는 매우 적다. 이처럼 낙농업은 과거의 패턴과 새로운 패턴이 공존하면서 지리적으로는 동부와 서부로 분리되어 있다.

낙농업이 대규모 운영 단위로 전환된 배경은 규모 경제를 중심으로 설명할 수 있다. 즉 농가당 사육 규모의 증가로 갤런(약 3.78 리터)당 생산 비용이 하락하고 있다. 우유를 처리하고 저장하는 기술이 발전함에 따라 장거리 벌크 운송은 더욱 용이해지고 있다.

또한 미국 인구가 서부 및 남부로 계속해서 분산되면서 신선우유와 같은 제품이 보다 광범위하게 유통될 필요성이 대두되었고 결과적으로 새로운 운송 패턴이 등장했다.

낙농업과 치즈

다량의 우유를 생산하는 낙농장이 출현하고 있지만 오늘날 낙농업에서는 대규모 생산자와 소규모 생산자 모두 성공적으로 운영되고 있다. 대규모 낙농가는 서부 지역에서 특징적으로 나타나고 중소 규모 낙농가는 동부 지역에서 지배적이다. 이와 같은 생산자들은 표준화된 우유를 생산하며 시유 또는 다양한 유제품을 생산하는 제조 업체에 공급하고 있다.

치즈 산업에는 새로운 사업 방식과 기존 방식이 공존한다. 이는 오랜 기간 미국 최대 치즈 산지로 입지를 굳힌 위스콘신주에서 잘 나타난다(이제 캘리포니아주가 1위 자리를 넘보고 있다). 오늘날 치즈 제조 업체들은 1세기 전과 마찬가지로 농장에서 우유를 직접 공급받는다. 2013년 위스콘신주는 전체 카운티의 3분의 2에서 145개 치즈 공장이 운영되고 있다(그림 5.5). 위스콘신주의 또 다른 163개 공장에서는 치즈 제조 업체에서 생산한 치즈를 자르고 썰고 포장

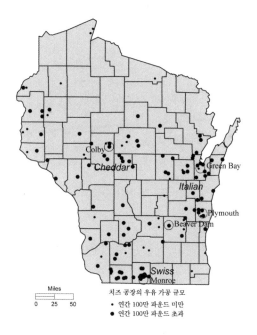

그림 5.5 위스콘신주 치즈 공장의 분포 (2013년)

자료: 위스콘신주 낙농업체 명부(Wisconsin Dairy Plant Directory)를 이용하여 저자가 작성.

하여 크라프트(Kraft)와 같은 유명 브랜드로 공급하거나 식료품 체

인점에 주문자 상표로 공급하고 있다. 이 밖에 스낵용 치즈가루 공

장 60개와 가공 치즈 공장 65개가 있다. 또한 아이스크림 공장 45개,

버터 생산 업체 12개, 산양유 가공 업체 24개 그리고 기타 전문 업

체까지 위스콘신주에는 총 411개의 유제품 공장이 운영되고 있다.^(Wisconsin Dairy Plant Directory, 2012-2013) 여기에는 위스콘신주 비버댐(Beaver Dam)시에서 필라델피아 크림치즈를 생산하는 대형 식품 제조 업체 크라프트푸드(Kraft Foods)도 포함된다.

이 지역 치즈 공장은 다양한 기업들이 소유하고 있다. 피자용 모차렐라 치즈로 대표되는 이탈리안 치즈는 주로 위스콘신주 동부에서 생산되고 있다. 레너드 젠틴(Leonard Gentine)과 파올로 사르토리(Paolo Sartori)는 1940년대 위스콘신주 플리머스(Plymouth) 마을에서 이웃에 거주하고 있었다. 이들은 이탈리아식 부드러운 치즈를 생산하고자 사르젠토(Sargento)를 설립했다. 사르토리는 후에 동일한 품목으로 자신의 회사를 설립했다. 이탈리안 치즈 업체 벨지오이오소(BelGioioso)는 그린베이(Green Bay)시에 위치하고 있다. 이탈리안 치즈와 체다 치즈 생산 업체 포모스트팜스(Foremost Farms)는 위스콘신주에서 골든건지(Golden Guernsey)와 레이크투레이크(Lake-to-Lake) 등 두 개의 소형 낙농조합을 기반으로 설립되었는데, 이 회사는 그린베이시 부근에서 7개 공장을 운영하고 있다.

스위스 치즈는 위스콘신주 남부의 먼로(Monroe) 카운티 인근에서 생산되고, 체다 치즈 생산자들은 주 북부에 군집해 있다. 지역

별로 제품이 정해져 있는 것은 아니며, 두 가지 이상의 제품을 생산하는 기업도 많다. 그렇지만 장기간에 걸쳐 품목별 지역 분화가 진행되고 있다. 위스콘신주 콜비(Colby) 마을의 이름을 딴 콜비 치즈는 해당 지역의 주력 상품이 되었다. 블루치즈(blue cheese)는 프랑스 회사 락탈리스(Lactalis)의 북미사업부에서 생산되는데, 이 회사는 프랑스 치즈를 생산하기 위해 미국으로 진출했고 위스콘신주와 아이다호주 소재 공장들을 인수했다.

이 밖에 우유, 치즈 및 관련 제품의 다국적 제조사로 퀘벡에 본사를 둔 사푸토(Saputo)사가 있다. 사푸토 가족은 1950년대 시칠리아에서 퀘벡으로 이주하여 현재 미국, 캐나다, 오스트레일리아, 아르헨티나에서 수십 개의 공장을 소유하고 있다. 사푸토사는 캘리포니아주 툴레어 카운티의 주요 낙농 업체로서 유통 기한이 긴 ESL(extended-shelf-life) 제품의 선두 주자다.

우유의 생산과 소비

미국에서 1인당 우유 소비량은 1945년 42.3갤런(약 160리터)으로 정점에 도달한 이후 오늘날 19.6갤런(약 74리터)에 이르기까지 꾸준히 감소하고 있다.[Bentley, 2014] 미국인들은 우유를 한 번에 약 8온스(230그램) 정도 마시는데 음용 횟수는 점차 줄어들고 있다. 우유 소비량의 감소 추세를 상쇄하는 유일한 품목은 치즈다. 치즈는 1970년 이후 1인당 소비량이 3배로 증가했는데 이는 주로 피자의 인기에 기인한다. 아이스크림 생산도 1970년 이후 약 25퍼센트 감소했다.^(Stewart et al., 2013)

음료로서 우유의 인기가 하락하고 있지만 소비자들은 그 어느 때보다 우유의 공급 방식에 관심을 기울이고 있다. 1940년대만 해도 미국에서는 각 가정으로 우유를 배달하는 것이 일반적이었다. 유제품 업계에서는 폐기물 '재활용'이 일반화되기 여러 해 전부터 우유병을 재사용하고 있었다. 유제품 업체가 우유를 유리병에 담아 배달하면 소비자들은 우유를 마신 후 병을 세척하여 다음 날 수거하도록 놓아두었다. 이는 우유 포장 공장으로 회수되고 그곳에서 살균을 거쳐 재사용되는 방식이다. 우유는 표면에 크림 층이 생기는데, 과거 소비자들은 이를 조심스럽게 걷어내고 마셨다. 크림은 유지방 함량이 중량 기준 18~20퍼센트 정도이고 전유(全乳) 즉 일반 우유는 3.25~5퍼센트가 일반적이다.

1940년대 이후 대부분의 업체에서는 우유를 균질화(homo-genization)했는데 이는 유지방이 우유 전체에 균일하게 퍼지도록 유지방 입자의 크기를 줄이는 물리적 과정을 말한다. 재사용하던 유리병은 곧 왁스로 코팅한 종이 상자로 대체되었다. 유지방에 대한 소비자들의 우려로 유지방 함량이 1.5~1.8퍼센트 정도인 저지방 우유의 인기가 높아졌다. 지난 수십 년간 우유 시장은 균질 우유가 장악하고 있다. 이는 일반 우유든 저지방 우유든 또는 무지방 우유(유지방 함량 1퍼센트 미만)든 마찬가지다. 저지방 우유는 유지방 함량의 감소와 함께 영양소도 줄어들게 되므로 업계에서는 이를 보충하기 위해 비타민 A와 D를 첨가한 강화우유를 생산하고 있다. 이러한 품목 외에도 유당을 제거한 제품과 아몬드밀크나 두유와 같은 식물성 제품도 생산되고 있다.

이와 같은 균질화에 대해 소비자들은 별다른 이견을 보이지 않은 반면 저온살균법(pasteurization)에 관해서는 논쟁이 계속되고 있다. 1860년대 파스퇴르의 연구에 따르면 맥주나 와인을 섭씨 63도로 30분간 가열한 후 급속 냉각시키면 미생물의 성장이 억제된다. 이러한 공정은 후에 우유에 적용되어 다양한 온도와 가열 시간이 적용되었다. 이와 같은 저온살균법은 고온으로 가열하지 않고도 세균 증식을 90퍼센트 정도 저감할 수 있는 방식이다. 반면 고온살균법을 적용하면 제품의 맛이 변하게 된다.

한편 살균도 균질화 처리도 하지 않은 생우유(raw milk)도 판매되고 있다. 생우유 옹호론자들은 생우유의 건강상 이점(일부 사례에서 비타민 C 함량이 더 높게 나왔다)을 강조한다. 반면 생우유 반대론자들은 비살균 우유로 인한 결핵 등의 감염병을 우려하고 있다. 유럽에서는 생우유가 널리 판매되고 있지만, 미국에서는 소매가 허용된 지역이 10개 주에 불과하다. 11개 주에서는 완전히 불법화되어 있고 나머지 지역에서도 다양한 수준에서 판매가 제한되고 있다.^(National Association of State Legislatures, 2015) 미국의 양대 유기농 우유 생산 업체 호라이즌(Horizon)과 오가닉밸리(Organic Valley)는 생우유를 판매하지 않고 있다. 이들 두 업체는 '초고온살균법'을 채택하고 있는데, 이는 우유를 섭씨 138도로 짧게 가열한 후 급속 냉각하는 방식이다. 이러한 초고온살균법을 적용하면 우유 속 박테리아가 모두 사멸하므로 미개봉 상태에서 상온 보관이 가능하다. 이에 대한 반대론자들은 높은 온도가 우유의 맛에 부정적이라고 주장한다.

생우유 문제는 유기농 식품 옹호자들 사이에서도 찬반이 엇갈린다. 그렇지만 인공적으로 생산한 성장호르몬 BGH(Bovine Growth Hormone)에 대해서는 대부분의 관련 단체들이 강력하게 반대하는 입장이다. 소의 성장호르몬인 BST(bovine somatotropin)는 소에서 분비되는 천연 물질이다. 미국의 생명공학 기업 제넨테크(Genentech)는 산유량을 늘릴 목적으로 1970년대에 BST 관련 유전자를 개발했는데, 몬산토가 이 제품의 상업적 생산을 허가받았다. 미국 식품의약국(FDA)은 1993년 BGH 사용을 승인했고 1999년에 BGH 관련 연구 결과를 재확인했다.(Food and Drug Administration, 2015)

한편 캐나다, 오스트레일리아, 일본, 유럽연합 등에서는 BGH를 금지했고 미국의 소비자 단체들도 이에 지속적으로 반대했다. 초기에는 BGH가 널리 채택되기도 했으나 점차 사용량이 감소했고 소비자들의 반응도 부정적으로 바뀌었다. 2008년 몬산토는 자사 BGH 제품 라인을 제약 회사 일라이릴리(Eli Lilly)에 매각하기에 이른다. 세이프웨이(Safeway)와 크로거(Kroger) 등 미국의 일부 슈퍼마켓 체인들은 BGH가 적용된 우유를 취급하지 않기로 결정했다.

우유 등급

오랜 기간 낙농가들은 우유 품질에 따라 A 등급과 B 등급으로 분류되었다. 사람들이 마시는 액상 우유는 A 등급 기준에 부합해야 하고 버터나 치즈 가공용 우유는 이보다 낮은 B 등급을 충족시켜야 한다. 주요 낙농 지역 주변부에 위치한 농가들은 B 등급 생산자인데, 이들 농가는 시장에서 멀리 떨어져 있어 역내 버터 공장이나 치즈 공장에 우유를 판매한다.

시간이 지나면서 A 등급과 B 등급의 생산 기준이 유사해짐에 따라 B 등급 생산자 비율은 감소하게 되었다.[Chite, 1991] 1991년 미국에서 우유의 92퍼센트는 A 등급 농가에서 생산되었다. 그러나 당시 위스콘신주와 미네소타주에서 역내 버터 및 치즈 공장에 우유를 공급하는 B 등급 생산자는 1만 6,000여 명이나 되었다. 최근 수년간 B 등급의 생산이 축소된 것을 감안하면 대부분의 버터와 치즈 제품이 A 등급 우유로 생산되고 있음을 알 수 있다.

등급별 우유 가격은 행정규칙으로 정하는데, 이들 간 가격 차이는 거의 없다. 이처럼 A 등급 우유는 가격 인센티브는 없는 반면 음용수 수준의 급수 요건을 충족해야 하고 고가의 냉장 설비도 갖추어야 하는 등 몇 가지 조건을 충족해야 한다. 이러한 이유로 농업인들은 A 등급으로 전환하길 꺼리고 있다. 예컨대 위스콘신주 아미시파 낙농가 가운데 다수는 전기를 사용하지 않음에 따라 냉장 설비를 갖추지 못하고 있어 지금도 여전히 B 등급으로 남아있다.[Cross, 2014] 오늘날 위스콘신주에서는 A 등급 농업인들이 우유 생산량의 96퍼센트를 담당하고 있다.

캘리포니아주는 2013년 생산자의 98.4퍼센트가 A 등급이었지만 연간 수억 파운드의 B 등급 우유도 생산되었다. 이는 대부분 툴레어 카운티 북쪽에 위치한 머시드(Merced) 카운티에서 생산되었다. 이 지역은 툴레어 카운티에 이어 총생산량이 두 번째로 많다. 위스콘신주와 마찬가지로 캘리포니아주에서도 모차렐라 치즈와 같은 제품에 B 등급 우유를 사용하고 있는데, 캘리포니아주는 모차렐라 치즈의 최대 생산지다.^(California Dairy Statistics Annual, 2013) B 등급 우유는 이처럼 계속 생산되고 있지만 그 비율은 감소 추세에 있다.

제6장
비육돈과 육우

돼지와 소는 유라시아 대륙의 여러 지역에서 기원했을 뿐 아니라 몸집의 크기와 식습관, 행동 방식 등에서 차이를 보인다. 그런데 지난 200년간 옥수수 지대 농장에서는 이들 가축이 인접 부지에서 함께 사육되면서 서로 보완적인 역할을 했다. 1970년대 공장식 축산이 등장하자 돼지와 소 사육은 지리적·기능적으로 분리되기 시작했다. 예전에는 두 가지 가축을 함께 길렀고 농장에서 재배한 옥수수를 사료로 이용했다. 농장에서는 말과 닭도 길렀고 때로는 양을 기르기도 했지만 이러한 가축들은 사육 조건이 달랐으므로 별도로 길렀다.

비육돈

돼지만큼 고기도 많이 나오고 키우기도 수월한 대형 동물은 없을 것이다. 유럽의 식민지 개척자들은 신대륙으로 돼지를 들여온 이후 이를 돌보기도 했지만 방치하는 경우도 많았다. 이는 소도 마찬가지였다. 1493년 콜럼버스는 돼지 8마리를 카리브제도에 처음으로 들여왔는데, 여기에서 정확한 시점은 별로 중요하지 않다. 이어서 들어온 선박들이 대부분 이보다 많은 돼지를 싣고 왔기 때문이다. 만약 돼지가 인간의 보살핌이 필요한 가축이었다면 살아남지 못했을 것이다. 사람들은 도축할 때를 제외하고는 관심을 기울이지 않았기 때문이다.

돼지는 소와 마찬가지로 스스로 생존할 수 있었다. 난파선에서 살아남은 소·돼지·말은 16세기부터 북아메리카 해안과 도서 지역에서 살아가기 시작했다. 돼지는 미국 동남부의 삼림 지대를 중심으로 반(半)야생화하였다. 이들은 과거 가축화되었다가 다시금 야생 상태로 돌아갔는데 이후 수 세대에 걸쳐 살아남았고 다시금 길들여지게 되었다. 이러한 특성은 개척지의 가축으로서 돼지가 갖고 있는 유용성을 보여준다. 돼지는 고기의 공급원일 뿐 아니라 가죽과 연료용 라드 기름, 비누용 기름까지 제공해 주었다.

돼지는 멧돼지과(학명 *Suidae*)의 다리가 네 개 달린 유제동물로서 네 발에 발가락이 네 개씩 있고 위장의 구조가 단순하다(소의 정교한 소화기와 비교하면 그렇다). 그동안 수십 종의 돼지가 멸종했는데 이는 소아시아에서 인도네시아와 필리핀제도에 이르기까지 지역별 화석에서 확인할 수 있다. 동남아시아로부터 북부 아프리카에 걸쳐 서식하는 흑멧돼지(wart hogs)와 수염돼지(bearded hogs)는 가까운 혈족 관계다.

아메리카 농장에서 기르던 돼지는 유럽의 미니돼지(Sus scrofa)라는 야생 돼지에서 유래했는데, 이는 약 50만 년 전 다른 수스(Sus) 종에서 분화했다.[Giuffra et al., 2000] 돼지가 가축화된 것은 유럽에서는 약 9,000년 전부터 그리고 중국에서는 약 8,000년 전부터다. 이는 돼지가 멀리 떨어져 있는 여러 지역에서 장기간에 걸쳐 진화했음을 의미한다. 콜럼버스와 데소토(Hernando DeSoto) 그리고 기타 에스파냐 탐험가들이 들여온 돼지는 반(半)가축화된 것으로 에스파냐와 포르투갈 국경 지대의 엑스트레마두라(Extremadura)에서 멧돼지와 자유로운 교배로 생겨났다. 이들은 돼지 몰이에 용이했고 우리에 가두어두거나 풀어놓을 수도 있었다.

사람들은 신대륙으로 가는 긴 항해 길에 식량 삼아 돼지를 몇 마리 실었다. 여기에서 살아남은 돼지들은 육지에 닿자마자 탈출하여 숲으로 뛰어들었다. 이러한 과정이 1세기 이상 반복되자 미국 동남부 해안 지역에서는 야생으로 돌아간 돼지를 마음껏 포획할 수 있게 되었다. 1539년 데소토 원정대는 플로리다 원주민들이 개를 식용으로 기르는 것을 목격했는데, 이 개는 크기가 작고 짖지 않는 종이었다. 그런데 일단 돼지가 도입되자 원주민들은 이를 즉시 식용으로 받아들였고 더 이상 개를 사육하지 않게 되었다.(Sauer, 1971)

등이 뾰족한 야생 돼지 레이저백(razorback)은 유럽인들이 처음 도착한 이후 18세기 후반까지 북아메리카에 있었는데, 이는 전적으로 유럽 멧돼지에서 유래한 것이다. 이 동물은 다리가 길고 등이 뾰족하며 긴 주둥이가 특징적이다. 게다가 유럽 멧돼지처럼 배회 본능도 있었다.(Dawson, 1913) 이러한 특징 가운데 일부는 유럽으로부터 길들인 돼지를 수입하면서 개량되었다. 유럽에서 발견된 돼지와 동일종에 속하는 아시아 돼지는 레이저백에 비해 체구는 다소 작고 다리는 짧으며 고품질의 고기도 많이 생산되었다. 유럽과 마찬가지로 중국에서도 돼지를 쉽게 구할 수 있었는데, 18세기에는 중국에서 북서 유럽으로 아시아 돼지를 들여와 번식에 이용하기도 했다. 따라서 1800년경 유럽산 돼지를 수입할 당시 아시아 돼지는 이미 유럽산 돼지의 형질에 영향을 미치고 있었다. 따라서 이후 가축으로 길들인 돼지는 유럽 돼지와 아시아 돼지의 형질이 혼합된 것임을 알 수 있다.

아메리카 돼지 사육 업자들은 보다 우수한 가축을 생산하기 위해 실험에 착수했다. 그 결과 펜실베이니아주 체스터(Chester) 카운티에서 체스터화이트(Chester White)가 개발되었다. 이는 잉글랜드의 베드퍼드셔(Bedfordshire)에서 도입한 종으로 번식시킨 것인데, 아시아 돼지의 여러 장점을 갖고 있었다. 매사추세츠주와 뉴저지주, 메릴랜드주의 농업인들도 유사한 방식의 실험을 통해 버크셔(Berkshire), 두록(Duroc), 저지(Jersey) 등의 품종을 개발했다. 1800년경 이주자들이 오하이오강 연안을 따라 정착하면서 이러한 신품종은 널리 확산되었다.^(Hudson, 1994)

오하이오주 마이애미강 연안의 워런(Warren) 카운티에는 유니언 셰이커(Union Shaker) 공동체가 있었다. 1816년 이 공동체는 펜실베이니아주에서 빅차이나(Big China)라는 영국 품종의 수돼지 한 마리와 암돼지 세 마리를 가져왔다. 이를 버크셔 품종 및 아이리시그레이지어(Irish Grazier) 품종과 교배했는데, 이렇게 개발한 신품종은 손쉽게 시장에 출시되었고 제한된 사료와 관리로도 체중이 빠르게 증가했다.^(Davis and Duncan, 1921) 이는 폴란드-차이나(Poland-China) 품종으로, 오늘날까지 옥수수 지대의 주요 품종으로 자리매김되었다.

옥수수 지대의 형성 및 발전 과정에서 돼지는 이 지역의 주요 가축일 뿐 아니라 옥수수 작물과 관련해서 중요한 역할을 했다. 돼지는 못 먹는 것이 없을 정도로 무엇이든 잘 먹는데, 이 점은 야생에서 생존하는 데 있어 중요한 특징이다. 아메리카에 도입되기 전까지 돼지는 옥수수를 먹이로 하지 않았다. 처음에는 유럽에서 그랬던 것처럼 숲속에서 떡갈나무 열매와 뿌리를 먹었고 이러한 식습관은 18세기까지 지속되었다. 그런데 옥수수가 사료로 이용되기 시작하자 비육이 빨라졌고 고기와 돼지기름의 품질도 향상되었다. 옥수수를 이용하게 되면서 비육돈 사업은 높은 수익을 올렸고 비육돈 사육에 따른 안정적 수요로 인해 옥수수 생산도 증가하게 되었다. 따라서 비육돈의 사육과 옥수수 생산은 사실상 동일한 공간을 점유하는 방향으로 성장했다. 결과적으로 오하이오주에서 네브래스카주에 이르는 거대한 옥수수 지대가 형성되기에 이른다.

육우

오늘날 남·북 아메리카에서는 여러 품종의 소가 사육되고 있는데, 이는 돼지의 초기 정착과 마찬가지로 유럽인들의 해외 탐사 및 이주에 의해 영향을 받았다. 인간이 사육하는 소는 모두 소속(屬)에 속하는데, 이는 솟과의 10여 개 속 가운데 하나다. 소는 초식 동물이다. 소는 풀을 뜯는 긴 혀와 풀을 씹는 큰 이빨 그리고 이를 소화하는 네 개의 위장이 있다. 이들의 공통 조상은 야생 소 오로크스(aurochs, 학명 *Bos primigenius*)인데, 이는 과거 유럽과 소아시아에서 광범위하게 서식했다. 1627년 폴란드에서 마지막 오로크스가 죽음을 맞이하면서 이 종은 멸종했다. 돼지가 삼림 지대와 주로 관련이 있다면 소는 개방된 초지에서 주로 서식했다.[Trow-Smith, 1957]

야생 소 오로크스는 유럽과 아시아 및 북아프리카 전역으로 퍼져 나갔는데 시간이 지남에 따라 유전적 변이를 겪었다. 약 1만 500년 전 적어도 두 개의 지역에서 소의 가축화가 독립적으로 진행되었다. 하나는 오늘날 터키에 해당하는 아나톨리아 지방이고 다른 하나는 인도반도다. 이때부터 두 개의 종이 가축으로 자리를 잡았다. 소아시아와 유럽에 집중된 유럽 가축우(*Bos taurus*)와 인도와 파키스탄에 집중된 인도 가축우(*Bos indicus*)가 그것이다.[Felius, 1985] 현대 유전학 연구에 따르면 이들 두 유형이 북아프리카 소에 영향을 미쳤다.[McTavish et al., 2013]

유럽 가축우는 일반적으로 뿔이 있고 귀가 곧으며 몸집이 큰 반면, 인도 가축우는 뿔이 있고 귀는 늘어져 있고 몸집이 작으며 등에 큰 혹이 있다. 인도 가축우 가운데 인도혹소(zebu)는 더운 기후에도 잘 견디고 열대성 질병에 대한 저항력도 크다. 북유럽과 밀접하게 연관된 유럽 가축우는 이러한 특징을 갖고 있지 않다. 한편 인도 가축우의 특징을 가진 소가 북아프리카에 있었던 것으로 보아 무어인들이 8세기에 에스파냐와 시칠리아에 도착하면서 영향을 미친 것으로 보인다.

서반구에 소를 처음 들여온 것은 1493년 콜럼버스 원정대다. 그들은 아프리카 북서 해안의 카나리아제도에서 소를 실었고 서인도제도의 에스파뇰라(Española)섬에서 놓아주었다. 에스파냐인들이 싣고 온 소는 주로 유럽 가축우에 속했지만 인도 가축우의 혈통도 일부 갖고 있었다. 이들 소는 약 400년간 카리브제도의 에스파뇰라섬을 비롯한 인근 섬과 멕시코 등을 중심으로 약육강식의 조건에서 자신들만의 힘으로 생존했다. 이 지역의 소들은 스스로 번식을 통해 특정 종이 되었는데 미국에서는 이를 텍사스 롱혼(Texas Longhorn)이라 부른다. 롱혼은 열대성 질병에 대한 저항성이 강하고 더위와 가뭄을 견딜 수 있었기 때문에 영국의 식민지 개척자들이 동부 연안으로 들여온 소와는 뚜렷하게 구분되었다.(Rouse, 1977)

뿔이 달린 소는 활동 공간이 넓고 스스로 살아남아야 하는 조건에서 방어에 유리하다. 뿔이 없는 소는 '무각(無角)'이라고 표현하지만 다른 종을 의미하는 것은 아니다. 하나의 개체에 뿔이 있는지 여부는 단지 유전적 요인에 의해 결정된다. 동물의 뿔을 물리적으로 제거할 수는 있지만 이 과정은 동물에 부정적이다. 유럽의 추운 지역에서는 겨울철에 가축을 좁은 공간에 가둬야 했으므로 뿔이 없는 소를 선택적으로 사육했을 것이다. 1700년대까지 북유럽에서는 뿔이 없는 소를 더욱 선호했다.

영국과 네덜란드에서는 육종을 통해 소고기 또는 유제품 생산에서 뚜렷한 이점을 지닌 소를 생산했다. 그러나 두 가지 측면에서 모두 우수한 종은 개발하지 못했다. 육우로서 가장 우수한 품종은 앵거스(Angus)와 헤리퍼드(Hereford)다. 전자는 스코틀랜드 북동부의 애버딘셔(Aberdeenshire)주와 앵거스(Angus)주에서 개발된 품종으로 검은색을 띤다. 후자는 웨일즈와 접하고 있던 잉글랜드의 헤리퍼드셔(Herefordshire)주에서 개발된 육우로 붉은색과 흰색을 띤다.[Sanders, 1928; Heath-Agnew, 1983] 미국은 독립전쟁이 끝나고 무역이 재개되자 곧바로 애버딘앵거스 종과 헤리퍼드 종을 수입했다. 이들은 미국 농장의 토착 가축을 개량하는 데 활용되었다.[Briggs and Briggs, 1980]

옥수수 사료와 육우

소가 구대륙에서 유래한 가축이라면 옥수수는 신대륙의 작물이다. 18세기 말 애팔래치아산맥과 오하이오강 연안에서는 획기적인 사건이 발생했다. 이는 풀에서 옥수수로 사료를 전환하고 출하하기 전 3~4개월 간 소에게 옥수수를 집중적으로 급여하는 것이었다. 소는 전보다 체중이 늘었고 고기 품질은 좋아졌으며 이에 따라 수익도 증가했다. 비육장에서 옥수수를 먹은 소는 상당량의 옥수수를 통째로 배설하는데, 돼지는 이런 소의 꽁무니를 따라다니며 배설물을 먹어치웠다.

이는 18세기 후반 버지니아주 서쪽 하천 연안에서 일부 축산 농가를 중심으로 시작된 방식이다. 이들은 옥외 부지에서 가축을 사육했다. 비육기에는 사육장마다 소 100두 정도와 여러 종의 돼지를 길렀다. 늦겨울이 되면 사육장의 소와 돼지를 볼티모어와 필라델피아 등 동부 시장으로 출하했다. 버지니아주에서 목축업에 종사하던 개척민들은 1800년경 오하이오주의 사이오토(Scioto)강 연안에서 더 넓고 비옥한 토지를 발견하게 된다. 그들은 이곳으로 이주하여 동부 시장으로 가축을 출하하는 기존 방식을 정착시켰다.(Henlein, 1959) 1880년경에는 이와 같은 사육 방식이 사이오토강 연안에서 서쪽으로 인디애나주, 일리노이주, 아이오와주를 거쳐 네브

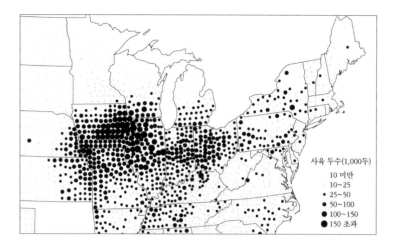

그림 6.1 비육돈과 육우의 분포 (1880년)

자료: 미 농무부 농업총조사(Census of Agriculture) 자료를 이용하여 저자가 작성.

래스카주와 캔자스주에 이르기까지 확대되었다(그림 6.1).

에스파냐인들이 카리브제도와 멕시코에 들여온 뿔 달린 소들은 대부분 관리되지 않은 채 그 수가 크게 증가했다. 이들 소는 19세기 중반경 텍사스주 남부 방목장으로 급속히 퍼져나갔다. 대평원의 역사에서 이 기간을 특징짓는 전설적인 소몰이가 있는데, 이는 철도를 따라 북쪽으로 롱혼을 모는 것에서 시작되었다. 그곳에서 동부 시장으로 출하가 가능했기 때문이다. 유럽에서 도입하여 옥수수 지대에서 키운 품종과 달리 롱혼은 체중이 빠르게 증가하지 않았다. 롱혼은 곡물 비육에는 적합하지 않았던 것이다. 그러나 헤리퍼드 혈통과 교배할 경우 비육에 적합한 새끼를 얻을 수 있었다. 1880년대 후반경 롱혼은 거의 멸종되었다.

옥수수 지대의 표준: 비육돈과 육우

1880년경 옥수수 지대에서 비육돈과 육우의 주요 산지는 이후로도 옥수수 지대의 핵심 지역으로 남았다. 옥수수 지대 남부는 축산은 가능했지만 토양이 척박하고 여름철 재배기에 날씨가 무덥고 낮의 길이가 짧아 옥수수 생산이 제한되었다. 재배 기간이 짧은 옥수수 품종이 개발되자 옥수수 지대가 북쪽으로 확대되었는데, 이는 결과적으로 축산업이 북쪽으로 확대되는 데 기여했다. 1880년경 대평원의 여러 주에서는 중서부로부터 농업 정착민을 받아들이기 시작했는데, 이후 불과 수십 년 만에 이 지역은 옥수수와 축산 농가로 가득 차게 되었다.

축산업이 서쪽으로 진출함에 따라 중서부 지역에서는 육류 패킹 산업(meat packing industry: 가금류를 제외한 소, 돼지, 양 등의 가축을 도축, 가공, 포장 및 유통하는 산업을 말한다―옮긴이)이 성장했다.

스위프트(Gustavus F. Swift)와 아머(Philip D. Armour)는 시카고시 육류 패킹 산업을 구축하는 데 선도적 역할을 했고 기타 중서부 도시에서도 해당 산업을 발전시키는 데 기여했다. 시카고시 패커들(packers: 가금류를 제외한 소, 돼지, 양 등의 가축을 도축, 가공, 포장 및 유통하는 업체를 말한다-옮긴이)은 살아있는 가축을 조달하기 위해 이 도시의 유니온 스톡야드(Union Stockyards, 연합 축사) 주위에 기업을 설립했다. 윌슨(Thomas Wilson), 커더히(Patrick Cudahy), 모리스(Nelson Morris) 등 시카고시 안팎의 여타 패커들도 유니온 스톡야드 주변에 대규모 공장을 건설했다. 1890년 통계에 따르면, 시카고시는 당시 미국 도시 지역 육류 도매의 거의 절반을 담당했다.

이러한 대형 산업은 성장 가능성이 높았는데, 특히 가축의 공급 비중이 증가하던 서부 지역에서 그러했다. 1910년경 일리노이주 패커들은 소고기와 돼지고기 공급량의 약 4분의 1 정도만 자체 생산했고 약 3분의 1은 캔자스주와 미주리주 및 네브래스카주 공장에서 들여오고 있었다. 그런데 서부 지역 공장들은 대부분 시카고시 패커들의 분공장이었으므로 시카고시는 이스트세인트루이스, 오마하, 캔자스시티(각각 일리노이주, 네브래스카주, 캔자스주에 위치한다—옮긴이) 등이 성장하던 시기에도 업계 1위를 지킬 수 있었다. 이후 시카고시 패커들은 세인트폴, 세인트조셉, 인디애나폴리스, 수시티(각각 미네소타주, 미주리주, 인디애나주, 아이오와주에 위치한다—옮긴이) 등에 더 많은 분공장을 가동하기 시작했다.

육우 산업은 서부 지역으로 열려있는 대형 깔때기처럼 조직되어 있었다. 우선 송아지는 남·북 다코타주와 네브래스카주, 와이오밍주, 몬태나주 등의 목초지에서 태어나 약 1~2년간 해당 지역에서 사육되었다. 지금도 이들 지역은 대형 목장이 특징적인데, 이는 오리건주와 캘리포니아주, 네바다주 등 건조한 내륙 지역도 마찬가지다. 대평원 서부 지역과 서부 산간 지역 경매장은 가축을 보유한 목축업자들과 송아지를 비육하는 중서부 옥수수 지대 바이어들을 끌어들이고 있다. 대형 목장에서 풀을 뜯는 대규모 소떼는 대평원 서부 지역의 특징이라 할 수 있다.

육류 패킹 산업의 변화

1950년대만 해도 가축은 서부의 목장에서 태어나 거래 중량에 도달할 때까지 옥수수 지대 농장에서 사육되고 이후에는 시카고, 오마하, 캔자스시티, 수시티 또는 세인트폴 등의 유니온 스톡야드로 운송되었다. 그곳에서 소와 돼지는 패커의 대리인들에게 판매되어 도축장으로 옮겨졌다. 이처럼 장기간에 걸쳐 진행된 스톡야드와 패커 간 관계는 1960년대 등장한 육류 산업의 커다란 변화 속에서 약화되기 시작했다. 고품질의 가축을 확보하고자 경쟁하던 패커들이 대도시의 스톡야드를 건너뛰어 직접 비육장으로 바이어를 보내기 시작한 것이다. 스톡야드에서 취급하는 소가 감소하자 스톡야드가 수행하던 역할은 중단되고 말았다. 1990년대 후반이 되면 대도시의 스톡야드는 완전히 사라지게 된다.

이러한 과정에서 육류 산업은 중서부 지역 10여 개 도시를 중심으로 집중되었다. 이에 따라 저온 창고 간 광범위한 네트워크가 필요하게 되었고 메이저 패커들이 소유한 저온 창고는 도매 물류 센터로서 미국 전역에 분포하게 되었다. 육류 패킹 공장은 뼈와 지방 등을 제거한 정육(正肉) 상태의 소고기와 돼지고기를 생산하고 이를 냉장 설비를 갖춘 철도차량에 실어 다수의 저온 창고로 보냈다. 저온 창고에서는 정육을 하역한 후 이를 판매할 수 있도록 손질했다. 손질한 고기는 트럭을 이용하여 지역 식료품점으로 운송했다.

1960년대에는 아이오와주 데니슨(Dennison)시와 포트다지(Fort Dodge)시 소재 소규모 패커 두 곳이 아이오와 비프패커(Iowa Beef Packers)라는 이름으로 통합되었다. 이후 이 업체는 포장육 제품을 개발하여 판매하기 시작했다. 도체(屠體)의 6분의 1에 달하는 지방과 뼈는 식용이 불가하므로 기존 시스템에서는 판매용 고기를 가공하는 도매 물류 창고에서 지방과 뼈를 제거한 후 이를 폐기했었다. 그런데 이를 패킹 공장에서 제거한 후 매장용 제품을 생산하는 방식으로 바뀌게 되자 냉장 트럭이 모든 운송을 담당하게 되었고 결과적으로 패킹 공장에서 슈퍼마켓으로 제품을 직배송하게 되었다.

1970년 이후 포장육 제품이 허용되자 신규 패킹 공장들은 비육을 마친 육우의 공급처와 최대한 근접하여 입지했다. 이는 시카고와 오마하, 캔자스시티 등의 공장이 폐쇄됨을 의미한다. 또한 네브래스카주의 그랜드아일랜드(Grand Island), 캔자스주의 가든시티(Garden City), 콜로라도주의 그릴리(Greeley), 텍사스주의 애머릴로(Amarillo) 등 여러 도시에서 신규 패킹 공장이 설립됨을 의미하는 것이기도 하다. 신규 공장은 운영에 필요한 노동력 부족으로 멕시코나 베트남 등에서 노동자를 수입하면서 논란이 일기도 했다. 노동 착취와 소수민족 학대, 공동체의 전통에 대한 도전 등과 관련하여 논쟁이 불거졌고 일부 공장에서는 오늘날까지도 이러한 문제가 지속되고 있다.(Broadway, 2007)

소고기 산업에 영향을 미친 세 번째 주요 변화는 건조한 대평원의 신규 비육장에 옥수수와 수수 등 사료용 곡물을 공급할 필요성이 대두되었다는 점이다. 이곳은 관개수를 이용하지 않고는 작물 재배가 불가능한 지역이다. 하이플레인스 대수층은 심정(深井) 펌프를 통해 관개농업에 이용되었지만 서부 대평원의 수많은 소를 기르기에는 역부족이었다. 따라서 하이플레인스 지역은 관개로 생산되는 곡물에 더하여 일리노이주와 아이오와주로부터 철도를 통해 옥수수를 공급받았다.

1960년대 이후 미국 소고기 산업에서 나타난 이상과 같은 변화는 또 다른 변화를 가져왔다. 예를 들면, 육우와 비육돈 사이의 오랜 연관성이 사라진 것이다. 과거와 달리 비육장에서는 더 이상 소와 돼지를 '함께' 기르지 않는다. 오늘날 옥수수 지대의 농가들은 자신들이 재배한 작물을 직접 사료로 이용하기보다 현금을 받고 판매하는 경우가 일반적인데, 이들은 가축 없이 현금을 목적으로 작물을 재배하기 때문이다. 결국 아머, 스위프트, 커더히 등의 거대 패커들은 이러한 급격한 변화 속에서 살아남지 못했다. 이들 대부분은 경영난으로 인해 대기업의 일부로 재편되면서 본래의 사업체는 사라지고 말았다. 기업은 소멸했지만 이들이 만든 브랜드는 지금도 통용되고 있는데, 예컨대 존 모렐(John Morell)과 아머-에크리치(Armour-Eckrich), 스위프트 프리미엄(Swift Premium) 등 일부 브랜드는 지금도 식료품점에서 찾아볼 수 있다.

목초 사육과 곡물 사육

부실 경영이 발생한 1960년 이후, 곡물 사료를 이용하는 기존 관행에 대해 불신이 생겨나기 시작했다. 옥외 사육장에서 옥수수로 비육하는 방식은 18세기 후반 버지니아주를 시작으로 옥수수 지대 전역에서 행해졌다. 그러나 곡물 사육 방식은 포장육이 도입되던 시기에 각계로부터 비판을 받기 시작했다.

소가 초식 동물이라는 점에서 우리는 풀 이외 다른 것은 먹이지 말아야 한다고 주장할 수 있지만 '풀'과 '곡물'이 서로 다른 유형의 식물을 의미하는 것은 아니다. 옥수수는 볏과(학명 *Poaceae*) 식물에 속하는 풀이지만 소를 비육하는 데 사용되는 주요 사료작물이다. 알팔파는 주요 사료작물로서 현화식물(顯花植物) 가운데 콩과(*Leguminosae*) 식물에 속한다. 여기에 풀은 포함되지 않는다. 목초로 기른 소에 관심이 높아지자 2003년 콜로라도주 덴버에서는 여러 관계자들을 중심으로 미국목초사육협회(AGA)가 조직되었다.(American Grassfed Association, 2015) 그들의 첫 번째 과제는 '목초 사육'이 의미하는 바를 명확하게 정의하는 것이었다.

AGA를 비롯한 여러 단체들은 미국 농무부에 소고기 광고 및 마케팅에 사용할 목초 사육 표준을 제정하도록 촉구했다. 미국 농무부가 제안한 첫 번째 표준에 따르면, 송아지가 젖을 뗀 후 사료의 80퍼센트를 풀로 급여한 경우 이를 목초 사육 가축으로 인증할 수 있다.[USDA, 2002] 관련 단체들은 목초의 기준을 높이도록 압박을 가했고, 결국 2008년에 이 비율은 100퍼센트에 도달했다.[USDA, 2009] 미국 농무부 규정에 따르면, 목초(1년생 및 다년생)나 광엽 초본(콩과 식물이나 배추속 등), 새순 또는 영양 생장 단계(알곡 이전 단계)의 곡물 등으로 사료를 생산해 급여해야 한다. AGA는 미국 농무부 표준에 세 가지 조항을 추가했다. 즉, 가축은 사육장에 감금하지 않고 목초지에서 길러야 하며 항생제나 성장호르몬을 투여하지 않아야 하고 "모든 가축은 미국의 가족 농장에서 나고 자라야 한다." 미국 농무부의 목초 사육 표준은 2006년부터 2016년 1월까지 시행되었는데, 이후 농무부 마케팅지원국은 농무부 산하 식품안전검사국과 관리 방식을 둘러싸고 갈등이 발생하자 이를 폐지했다.[USDA, 2016]

AGA에는 약 225명의 회원이 있는데, 이들은 여러 지역에서 클러스터를 형성하면서 광범위하게 분포하고 있다(그림 6.2). 가장 많은 회원이 집중된 지역은 한때 수십만 마리의 롱혼이 떠돌던 중부 텍사스주다. 콜로라도주와 캘리포니아주 그리고 동북부 지역 등도 많은 회원을 보유하고 있다. 모든 회원이 판매를 목적으로 육우를 생산하는 것은 아니지만 협회가 관심을 갖는 사업은 이러한

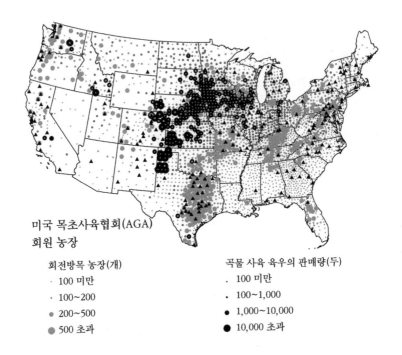

미국 목초사육협회(AGA)
회원 농장

회전방목 농장(개)
· 100 미만
· 100~200
● 200~500
● 500 초과

곡물 사육 육우의 판매량(두)
. 100 미만
. 100~1,000
● 1,000~10,000
● 10,000 초과

그림 6.2 목초 사육과 곡물 사육 (2012년)

자료: 미 농무부 농업총조사(Census of Agriculture) 자료를 이용하여 저자가 작성.

판매용 가축 생산 분야다.

미국 농업통계국에서는 곡물 사육 육우의 두수와 매출 관련 통계를 발표하고 있다. 그러나 목초 사육 가축에 대해서는 이와 같은 통계가 집계되지 않고 있어 대체 자료를 이용한 근사치를 추정해 볼 수 있다. 회전방목(rotational grazing)이란 소규모 육우 떼를 대규모 목초지 내 한 구역에서 다른 구역으로 빈번하게 이동시키며 사육하는 것을 말하는데, 이는 초지가 회복할 시간적 여유를 주기 때문에 가축은 언제나 싱싱한 풀밭에서 지내게 된다. 이는 동일한 초지에서 장기간 방목하는 '연속' 방목에 비해 개선된 것이라 할 수 있다.

회전방목은 목초 사육에 기반한 육우 생산에 크게 기여하고 있다. 이는 애팔래치아산맥 일대 고도가 낮은 산록면에서 다수의 농장들이 행하는 방식인데, 이 지역은 농장의 규모가 작고 가축도 많지 않은 곳이다.^(Hart, 2007) 회전방목은 미주리주 중부로부터 오자크(Ozark)산맥과 오클라호마주를 거쳐 텍사스주에 이르는 지역에서도 활발하게 이루어지고 있다. 한편 곡물 비육 방식은 아이오와주 서북부에서 남쪽으로 하이플레인스 관개 지역과 텍사스주 애머릴로에 이르는 지역에서 오랜 기간에 걸쳐 확립되었는데, 이들 지역도 지도에서 확인할 수 있다. 목초 사육 지역과 곡물 사육 지역은 캔자스주 중부로부터 텍사스주 돌출지에 이르는 겨울밀 지대를 경계로 구분된다.

곡물 사육 지역과 목초 사육 지역이 이처럼 명확하게 구분되는 이유는 무엇일까? 이는 옥수수 생산 지역과 관련지어 보면 쉽게 이해할 수 있다. 회전방목이 집중적으로 시행되는 지역은 옥수수의 생산성이 높지 않다. 척박한 토양과 기복이 심한 토지, 건조한 기후 등은 옥수수 생산을 제한하는 요인으로 작용하는데, 이러한 요인이 목초의 성장을 심각하게 제한하지는 않는다. 따라서 옥수수 생산량이 적어 곡물 위주의 육우 산업이 곤란한 지역에서 목초 사육 방식은 대안이 될 수 있다.

공장식 축산과 계약 기업

지난 50년간 미국의 양돈 산업은 전반적으로 커다란 변화를 겪었다. 그러나 미국 중서부 지역은 지금도 최대 양돈 산업 지역으로서 확고한 위치를 점하고 있다. 오늘날 미국의 1인당 돼지고기 소비량은 50파운드(약 23킬로그램) 정도인데, 이는 장기 평균 소비량 60파운드(약 27킬로그램)보다는 낮은 수준이다. 이처럼 비교적 안정된 지표와는 별개로 양돈 산업은 그동안 엄청난 변화를 겪으면서 각계로부터 많은 비판을 받았다.

언론에서는 공장식 축산(CAFOs)에 대한 부정적 여론을 대대적으로 보도하고 있다. 소비자 단체와 동물권 행동가, 환경론자들은 다음과 같은 이유를 들어 공장식 축산에 반대한다.

첫째, 환경 오염 문제다. 공장식 축산에서는 고형 폐기물이 대량으로 발생하는데, 이는 처리하기도 쉽지 않고 대기 오염을 유발하는 유독 가스도 방출한다. 저장 시설에서 폐기물이 누출되면 이는 하천으로 유입되고 결과적으로 지하수를 오염시키게 된다.

둘째, 가축에 대한 대우 문제다. 공장식 축산에서는 가축을 좁은 공간에 가두고 움직임을 통제하면서 비인도적으로 취급한다. 축산물 섭취 시 사람에게 해로운 항생제를 가축에게 주입하기도 한다. 밀폐된 공간에 다수의 가축을 집단으로 수용하는 것 자체가 보건상 위험한 방식이다.

셋째, 공정성 문제다. 공장식 축산은 대규모로 이루어지므로 소규모 농가에게는 불공정한 경쟁 조건이다. 공장식 축산은 수직적 통합 전략의 일환으로 기업이 소유하기도 하는데, 이 또한 가족농에게는 불리하게 작용한다. 일부 지역에서는 소위 '농업권(right to farm)' 법으로 수직적 통합('공장식 축산')을 장려한 반면, 다른 지역에서는 이를 엄격하게 제한하는 법을 통과시키기도 했다.

이와 같은 주장은 초기 공장식 축산을 이끌었던 가축의 건강과 육류의 품질 관련 이슈로 인해 일부 상쇄되었다. 과거에는 돼지를 소위 돼지우리에서 사육했는데, 진흙투성이 돼지를 허술한 우리에서 옥수수 등 인근에서 구할 수 있는 먹이로 키웠다. 이러한 조건으로 인해 가축의 건강 증진, 질병 확산 차단, 또는 축산물의 품질 향상 등을 위한 다양한 시도들이 좌절되었다. 1960년대에는 축사 바닥에 콘크리트가 도입되었다. 이는 그 위에서 생활하는 가축들의 발과 다리에 좋지 않은 영향을 미쳤다. 이후 축사 바닥은 고무로 코팅되었고 부분적으로 차단된 사료 급여 구역도 생겼다. 또한 외부인의 접근을 제한하는 엄격한 규칙도 시행되었다. 이러한 과정에서 결국 사육 과정 전체가 축사 내부로 이동하게 되었다(그림 6.3). 1990년대에는 돼지를 가금류 사육장과 유사한 긴 축사에서 기르기 시작했다. 이곳에서 돼지는 질병 매개체들과 더욱 단절되었고 정해진 온도로 관리되었다. 진흙 속에서 뒹구는 돼지는 이야기책에서나 볼 수 있는 장면이 되었다.

육류 생산에 대한 대형 소매 업체들의 영향력이 증가하자 패커들은 이들이 요구하는 몇 가지 원칙에 주목하기 시작했다.

- 축산물의 품질, 색상, 맛, 질감 등이 균일해야 한다.
- 최고 수준의 보건 기준을 통과해야 한다.
- 연중 이용할 수 있어야 한다.
- 축산물은 정해진 날짜에 정해진 매장에 진열되어야 한다.

그림 6.3 오늘날의 돼지 축사

자료: 저자 제공.

한 업체가 이러한 표준을 채택하자 다른 업체들도 유사한 표준을 채택하기 시작했다.

이처럼 제품 표준화와 안전성을 지향함에 따라 양돈 산업에서는 규모 경제가 뚜렷하게 나타났다. 이는 기존 생산 규모를 능가하는 대규모 양돈 농장을 만드는 것이었다. 1960년대 노스캐롤라이나주 동부의 양돈업자 웬델 머피(Wendell Murphy)는 이러한 방식으로 자신의 사업을 조직하기 시작했다.[Hart, 2003] 머피는 한 번 사육할 때 과거에 비해 20배가 넘는 돼지를 집중 사육했다. 그는 중서부에서 철도를 이용해 사료를 들여오고 이를 저장하기 위해 곡물엘리베이터를 건설했다. 나아가 추후 공장식 축산의 모델이 된 양돈 농장을 건설했다. 머피는 노스캐롤라이나주 의회 의원으로서 미국 환경보호국의 오염 방지 규정으로부터 공장식 축산을 보호하기 위한 관련법 개정에 영향력을 행사하기도 했다. 결국 머피는 공장식 축산에 대한 비판을 불러일으킨 장본인이 되었다.

새로운 형태의 사육 방식이 출현함에 따라 많은 변화가 수반되었다. 양돈업이 발달하던 초창기부터 돼지는 가축상(家畜商)이나 가축 시장에 판매될 때까지 이를 사육한 농업인이 소유했다. 그러나 대형 패커들은 가축 공급처에 대한 통제를 강화하기 위해 본래 가금업에서 시행하던 생산 계약 제도를 양돈업에 적용하기 시작했다.

오늘날 대형 패커들이 처리하는 돼지는 배아로부터 출생 및 도축에 이르기까지 전 과정에 걸쳐 기업이 소유한다.[Harper, 2009] 비육돈은 유전학의 산물로서 전문 번식 시설에서 태어나 개별 사육 농가에 전달된다. 계약 기업(contractor) 또는 통합 기업(integrator)은 농업인들에게 새끼 돼지와 사료를 공급하고 다양한 생산 서비스를 제공하는 등 매개자 역할을 수행한다. 농가에서 사육한 가축은 사전에 정해진 중량에 도달하면 판매되는데, 가축의 중량은 육류 가공 업자가 요구하는 수준으로 결정된다.

지금도 가족이 소유하고 경영하는 농장에서 돼지를 생산하고 있다. 그러나 돼지를 거래 중량에 이를 때까지 사육하는 농업인들은 더 이상 이를 소유하지 않는다. 오랜 기간 미국 농업에서 비효율적이라 평가되던 수직적 통합 방식은 1990년대 양돈 분야에서 보편적인 것으로 자리매김되었다. 제품 표준화가 변화를 추동하는 동력임이 다시 한 번 확인된 것이다. 고품질의 제품을 일관되게 생산하기 위해서는 많은 사람들의 작업이 높은 수준으로 부합해야 하기 때문이다. 이러한 생산 체계에서는 건강 관련 문제로 제품 리콜이 시행되는 경우 책무성 또한 요구된다. 이처럼 육용 가축의 생산은 분만에서 도축에 이르기까지 소수 대기업의 통제 하에 고도로 통합되어 있는데, 오늘날에는 이러한 기업을 외국 자본이 소유하는 경향이 심화되고 있다. 이러한 체계를 비판하는 사람들은 흔히 제품의 획일성 및 다양성의 결여를 지적하지만 이는 이와 같은 체계를 구축하고자 했던 사람들의 핵심 목표였다.

웬델 머피의 머피팜스(Murphy Farms)는 곧 육류 패킹 사업에 착수했다. 노스캐롤라이나주 동부에 위치한 머피의 축산 단지는 1990년대 미국 제2위의 양돈 지역으로 부상했다. 당시 미국 최대의 양돈 산업 지역은 아이오와주 북부 및 미네소타주 남부를 아우르는 곳이었다. 머피의 성공을 목격한 다른 기업인들도 관련 사업에 투자하기 시작했다. 국제적인 식품, 운송 및 에너지 기업 시보드(Seaboard)는 오클라호마주 서부의 가이몬(Guymon)시에 대형 육류 패킹 공장을 건설했다.[Hart and Mayda, 1997] 이 회사는 로컬 생산자들과 생산 계약을 맺고 가이몬 공장에서 연간 100만 두가 넘는 비육돈을 처리하기 시작했다. 타이슨푸즈(Tyson Foods)와 머피팜스도 오클라호마주 서부 지역의 양돈 산업 가능성에 매료되었으나 시보드만이 비육돈의 생산 및 육류 패킹 사업을 수직적으로 통합했다.

비육돈의 판매량을 나타낸 지도를 보면 판매 두수와 계약 생산량이 사실상 동일하게 분포함을 알 수 있다(그림 6.4). 아이오와주 북부와 미네소타주 남부는 이 산업의 심장부이자 가축을 도축, 정육 및 유통하는 20여 개 육류 패킹 공장의 본거지다. 소고기 포장육과 마찬가지로 돼지고기 제품도 단단히 포장하여 준비를 마치면 슈퍼마켓으로 운송된다. 노스캐롤라이나주 동부의 양돈 산업은 이 지역보다 높은 밀도로 집중되어 있지만 생산 시스템은 이와 동일하다.

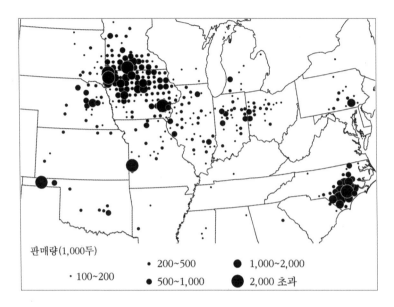

판매량(1,000두)

- 100~200
- 200~500
- 500~1,000
- 1,000~2,000
- 2,000 초과

그림 6.4 비육돈 판매량 (2012년)

자료: 미 농무부 농업총조사(Census of Agriculture, 2012) 자료를 이용하여 저자가 작성.

외국인 직접투자

지도에는 양돈 산업을 지배하는 패커들 간 제휴는 드러나 있지 않다. 돼지고기 패킹 산업에서는 수많은 파산과 조직 개편, 매각 및 분리 신설 등이 이어졌다. 이후 버지니아주 스미스필드팜스(Smithfield Farms)가 2000년 노스캐롤라이나주 머피(Murphy) 공장을 매입하면서 안정기에 접어들었다. 버지니아주의 장수 기업 스미스필드(Smithfield)는 아머(Armor), 에크리치(Eckrich), 존 모렐(John Morrell), 팜랜드(Farmland), 패트릭 커더히(Patrick Cudahy) 등 다수의 장수 상표를 취득하기도 했다. 스미스필드는 2013년 상하이 솽후이(雙匯)그룹에 71억 달러에 매각되었다.(Smithfield, 2015) 이는 미국 기업에 대한 중국의 단일 투자로는 최대 규모다.

솽후이와의 거래가 이 분야 최초의 외국인 직접투자는 아니다. 2007년 브라질 기업 JBS S.A.가 오마하 소재 콘아그라(Con-Agra)가 소유하고 있던 스위프트(Swift & Co.)를 인수한 바 있다. JBS는 1950년대 상파울루주의 목장주 호세 바티스타 소브리뉴(Jose Batista Sobrinho)에 의해 설립되었다. 그는 브라질의 소고기 산업이 세계 최대 규모로 성장하는 데 크게 기여했다. 이 회사는 브라질과 아르헨티나에서 20여 개 육류 패킹 공장을 소유하고 있으며 육우 20만 두 규모의 비육장을 보유하고 있다. JBS는 스위프트 인수로 북미 지역 자산이 크게 증가했다. 이 회사는 파이브리버스 랜치(Five Rivers Ranch)라는 미국 서부 및 캐나다 소재 12개 비육장 체인도 인수했다. 이는 100만 두 정도를 집단 수용할 수 있는 규모로서 1980년대 초창기 '육우' 산업의 개척자인 콜로라도주 그릴리(Greeley)의 워런 몽포르(Warren Monfort)가 창업했다. JBS는 미국 본사를 그릴리로 옮기고 이후 미국의 대표적인 가금업체 필그림스프라이드(Pilgrim's Pride) 지분 75퍼센트도 취득했다. 이를 모두 합산하면 JBS는 세계 최대의 식품 회사다.

JBS와 같은 가공 업체가 세계 시장을 대상으로 생산한 브라질산 소고기는 스위프트사의 대표적인 제품들과는 차이가 있다. 브라질 소는 오랜 기간 열대 기후 지역의 육류 산업을 지배한 인도 가축우의 후손이다. 그리고 브라질 소의 약 5분의 4는 목초지에서 사육되고 있다.^(Ferraz et al., 2009) 이들은 유럽 기원의 유럽 가축우 계통과 인도 기원의 인도 가축우 계통 간 교배로 태어난 잡종이 대부분이다.

일부에서는 JBS가 목초로 사육한 브라질산 인도 가축우를 미국에 더 많이 들여올 것으로 예상했지만 이 기업은 기대와 달리 반대로 행동했다. JBS는 '스위프트블랙(Swift Black)'이라는 고급 브랜드로 브라질 내수용 소고기를 생산하고 있다. 이는 곡물 사료를 이용하여 브라질에서 생산된다.^(JBS, 2014) JBS는 오스트레일리아 육우 산업에도 뛰어들었다. 오스트레일리아는 전통적으로 목초 사육에 기반을 두고 있는데, JBS는 오스트레일리아 시장을 대상으로 곡물 기반의 육우를 생산하기 위해 퀸즐랜드에 여러 개의 비육장과 가공 공장을 건설했다. 곡물 사육 방식과 목초 사육 방식 양자는 오늘날 전 세계적으로 널리 행해지고 있다. JBS가 곡물 사육에 기반한 생산 혁신을 이룬 점을 감안할 때, 하나의 방식이 다른 방식에 비해 더 바람직하다고 주장하기는 어려울 것으로 보인다.

제7장
가금(家禽)

미국에서는 닭과 달걀, 칠면조 등이 특히 풍부하게 공급되고 있다. 미국은 해마다 82억 마리의 육계(肉鷄, broiler)를 생산하는데, 이 가운데 수출 물량 18퍼센트를 제외하면 가구당 연평균 57마리를 소비하는 셈이다. 달걀은 해마다 218억 4,000만 개가 생산되는데, 이는 가구당 약 192개에 해당하고 칠면조는 연간 1억 9,500만 마리로 가구당 1마리가 넘는 규모다. 미국은 적색육(赤色肉)을 더 많이 소비하지만 가장 많이 소비하는 육류는 단연 닭고기다. 미국은 세계에서 1인당 가금류 및 가금류 제품 소비량이 가장 많은 국가이기도 하다.^(USDA, Economic Research Service, 2015)

닭

미국에서 주로 생산하는 닭은 인도 남부와 중국, 말레이시아, 필리핀 등에서 서식하던 야생 닭 적색야계(학명 *Gallus gallus*)에서 유래한다.^(Eriksson et al., 2008) 닭은 약 7,000년 전 인도에서 가축화되기 시작한 이후 여러 지역에서 산발적으로 가축화가 진행되었다. 인간이 닭에 관심을 갖게 된 계기는 닭싸움이다. 그러나 닭의 영양적 가치를 알게 되면서 달걀과 닭고기를 식재료로 이용하게 되었고 이후 모든 문명에서 닭은 식품으로서 확고한 위치를 점하고 있다.^(Pennsylvania State University, 2015)

가축화된 닭은 점차 서쪽으로 널리 퍼져 나갔다. 약 5,000년 전에는 남동부 유럽에 도달했고 그로부터 2,000년이 흐른 후에는 북서 유럽으로 전해졌다.^(Storey et al., 2012) 닭은 초기 탐험가들과 함께 아메리카 대륙으로 들어왔고 곧이어 식품으로 이용되었다. 과거 태평양을 가로질러 접촉이 있었는지에 대해서는 오랜 기간 논의가 이어지고 있다. 콜럼버스가 아메리카 대륙을 발견하기 이전 시기에 대해서는 이를 파악하기 어렵다. 그러나 아메리카 문화에 닭이 대거 편입된 것은 분명 유럽과의 접촉에서 기인한다. 칠면조는 북아메리카 고유종으로서 발견 직후 유럽으로 전해진 반면, 아시아에서 기원한 닭은 유럽인을 통해 아메리카로 전해졌다.

닭은 잡식 동물로서 스스로 생존이 가능하며 어떤 가축보다도 많은 양분을 공급할 수 있다. 영국과 프랑스 및 에스파냐의 식민지 시대부터 근대에 이르기까지 거의 모든 농장에서 닭을 길렀다. 미국에서 달걀 생산량은 20세기 전반기에 두 배로 증가했다. 같은 기간 닭은 60퍼센트 증가하여 1943년에는 처음으로 10억 마리에 도달했다.[U.S. Department of Commerce, 1957]

육계 산업

델라웨어주에서 텍사스주에 이르기까지 미국 동남부 전역에는 육계 벨트가 펼쳐져 있다. 이는 1920년대 이 지역의 동쪽과 서쪽에서 진행된 새로운 발전에서 비롯되었다. 먼저 델라웨어주 서식스(Sussex) 카운티에서 산란계 사업을 했던 '윌머 부인(Mrs. Wilmer)' 셀리아 스틸(Celia Steele)이 주인공이다. 육계 산업사에서는 그녀가 산란계 사업에 더하여 1923년 상업적 육계 사업을 최초로 시작한 것으로 보고 있다. 당시 그녀는 닭고기 판매를 목적으로 병아리 500수를 사육했다.[Johnson, 1944]. 이 사업은 수익성이 좋았으므로 그녀는 3년 뒤 1만 수 규모의 축사를 지었고 이후 수년 뒤에는 생산 규모를 두 배로 늘렸다. 셀리아 스틸의 초기 육계 사육장에서 우리는 초기 사업가들이 육계 산업에서 목격한 규모 경제의 가능성을 살펴볼 수 있다. 그녀의 초기 사육장은 오늘날 조지타운의 델라웨어 농업시험장 부지에 있으며 국가 사적지로 등재되어 있다.

20년 후 프랭크 퍼듀(Frank Perdue)는 동부 해안 지역을 대상으로 하던 육계 사업을 더욱 공격적으로 구축해 나갔다. 당시 그는 델라웨어주와 인접한 메릴랜드주의 솔즈베리(Salisbury)에서 가족과 함께 가금류 및 산란계 사업을 운영하고 있었다. 퍼듀는 홍보의 대가였다. 그는 텔레비전 광고를 통해 전국의 소비자에게 닭고기를 대중화시킨 장본인이다. 오늘날 서식스 카운티에는 대형 가금류 가공 업체가 세 개 더 있는데, 이들은 퍼듀(미국의 2대 육계 생산자)와 함께 델마바(Delmarva)반도 육계의 상당 부분을 생산하고 있다. 이 지역에서는 연간 육계 약 2억 5,000만 수를 생산하고 있다. 델라웨어주 서식스 카운티는 2012년 미국 최대의 육계 생산지였다(그림 7.1).

한편 델라웨어주에서 서쪽으로 약 1,600킬로미터 떨어진 아칸소주 북서부에서도 20세기 초에 이와 유사한 발전이 있었다. 이 지역은 오자크(Ozarks)고원 외곽의 구릉지로 이곳 농업인들은 자신들이 재배하는 채소나 과일보다 수익성이 좋은 품목을 찾고 있

그림 7.1 델마바 지역 가금류 가공 공장과 육계 운반 차량

자료: 저자 제공.

었다.[Riffel, 2014] 1931년 아칸소주 스프링데일(Spring-dale)에서 트럭 운송업을 하던 존 타이슨(John Tyson)은 캔자스시티와 세인트루이스로 육계를 운송하고 있었다. 타이슨은 결국 육계 사업에 뛰어들었고 곧이어 아칸소주를 대표하는 주요 생산자가 되었다. 1950년대 이후 타이슨의 아들 돈(Don)이 이끌던 가족 사업은 타이슨푸즈라는 대규모 회사로 성장했다. 타이슨푸즈는 현재 미국 내 애그리비즈니스(agribusiness) 부문 제2위의 업체이자 세계 2위의 소고기·돼지고기·가금류 생산 업체다.

기업가정신은 차치하고라도, 이상과 같은 발전에는 다음 세 가지 배경이 있었다. 첫째, 다른 육류보다 닭고기에 대한 미국 소비자의 선호도가 꾸준히 증가했다는 점이다. 둘째, 1940년대 이후 미국 남부에서 목화를 대체할 품목을 찾고 있었다는 점이다.[Lord, 1971] 남부의 농업인들은 과거에는 알지 못했던 가금류 사업에 적극 참여했다. 1925년에는 닭의 절반이 중서부에서 생산되었고, 전국적으로는 1인당 4마리 정도가 생산되었다. 그러던 것이 1960년대 후반경에는 닭의 대부분이 남부에서 생산되었고 1인당 소비량은 세 배로 증가했다. 셋째, 전통적인 일반 농업(general farming: 과거 작물과 가축을 결합하여 다양한 품목을 생산하던 농업―옮긴이)의 규모에서 전문화된 산업적 생산 규모로 전환되었다는 점이다. 이로 인해 농산물 생산자와 마케팅 및 가공 인프라를 통제하는 기업 간 경계가 모호해졌다. 오늘날 지리적으로 분산된 가공 공장에 육계를 공급하는 계약 생산 제도는 이와 같은 세 가지 경향과 관련하여 성장했다.

그러나 이러한 발전에 앞서 필요한 것은 육계를 농산물의 범주로 인식하는 것이었다. 1928년 후버(Herbert Hoover)는 대통령 선거에서 "모든 가정의 냄비에 닭고기를, 모든 가정의 차고에 자동

차를"이라는 슬로건을 내걸었다. 당시 닭고기는 대단한 별미로 생각되지는 않았지만 이를 평일 저녁 식탁에 자주 올리기는 어려웠다. 닭고기는 주로 튀기거나 삶아 먹었고 버터에 구운 후 채소를 넣고 끓이거나 스튜로 만들어 먹었다. 일반적으로 '스프링 치킨(spring chickens)'으로 판매하던 어린 닭은 산란용으로 기르는 큰 닭에 비해 육질이 연하고 튀김에도 적합했다. 육계는 품종이 전혀 다른 것이라기보다 고기를 소비할 목적으로 생산하는 닭을 말하는데, 출하하기까지 농장에서 기르는 기간이 짧아 비용이 적게 든다.

제2차 세계대전 당시 미국 정부에서는 육류 배급 제도를 시행한 바 있다. 이로 인해 민간 소비자들의 소고기와 돼지고기 소비는 감소한 반면, 닭고기는 배급제에서 제외되어 생산이 활기를 띠었다. 닭고기 음식에 익숙해진 미국인들은 여타 육류의 전시 배급이 종료된 이후에도 닭고기를 더욱 많이 찾았다. 1인당 닭고기 소비량은 1944~64년 사이에 두 배가 되었고, 1990년에는 다시금 두 배로 뛰어올랐다. 닭고기의 1인당 소비량은 1996년에 돼지고기를 넘어섰고 2010년에는 처음으로 소고기를 앞질렀다.^(Bentley, 2012) 건강에 관심이 많은 소비자들이 적색육에서 닭고기로 옮겨간 것이다. 하지만 미국의 1인당 닭고기 소비량은 2006년 60.9파운드(약 28킬로그램)로 정점에 도달했다. 최근 몇 년간은 칠면조가 인기를 끌면서 닭고기 수요를 일부 대체하고 있다.

프랭크 퍼듀와 돈 타이슨 등 10여 명의 기업가들은 생산 규모를 과감하게 확장했는데 이는 전국적인 닭고기 소비 증가에 크게 기여했다. 델라웨어주에서 아칸소주에 이르는 지역에서는 퍼듀와 타이슨이 창업한 이후 수년간 여러 기업들이 이들을 좇아 육계 사업에 뛰어들었다(그림 7.2). 1969년경 육계 공급량의 약 90퍼센트는 이와 같은 남부 지역에서 생산된 것이다. 반면 산란계 및 기타 가금류 산업은 지리적으로 보다 분산되어 있었다.

조지아주 캐럴턴(Carrollton)에 본사를 둔 골드키스트(Gold Kist)는 1930년대 지역 농업인들의 목화 마케팅 협동조합으로 출범했다. 골드키스트는 1940년대에 육계 부문으로 사업을 다각화했는데, 1970년대에는 8개 지역에서 육계 단지를 운영하면서 수직적으로 통합된 가금류 및 사료 부문 복합기업으로 성장했다. 이들 육계 단지는 각각 자체 사육 농가와 부화장 및 가공 공장 간 네트워크를 갖추고 있었다.(Hart, 1980) 이후 이 기업은 2006년 텍사스주의 가금류 회사인 필그림스프라이드에 매각되었다. 필그림스프라이드는 1946년 텍사스주 피츠버그의 오브리 필그림(Aubrey Pilgrim)이 설립한 것인데, 그는 병아리 농가를 상대로 한 사료 판매로 이 사업을 시작했다. 또한 미시시피주 로럴(Laurel)의 샌더슨팜스

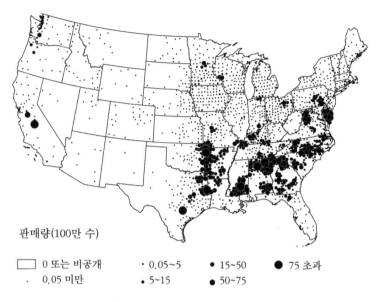

판매량(100만 수)

☐ 0 또는 비공개	• 0.05~5	● 15~50	● 75 초과
· 0.05 미만	● 5~15	● 50~75	

그림 7.2 육계 판매량 (2012년)

자료: 미 농무부 농업총조사(Census of Agriculture, 2012) 자료를 이용하여 저자가 작성.

(Sanderson Farms)는 1940년대 말 현지인 소유의 양계용 사료 사업으로 출발하여 미시시피주의 대표적인 기업으로 성장했다.

육계 산업은 초창기부터 여타 농업 활동과 매우 상이한 방식으로 조직되었다.[Perry et al., 1999] 사료 생산 업체들이 육우나 비육돈에 비해 육계 부문에서 커다란 역할을 했던 것이다. 이는 육계가 미국 남부의 주요 축산물이었음에도 역내에서는 사료용 곡물이 부족했기 때문이다. 중서부에서는 농장에서 직접 재배한 옥수수로 돼지와 소를 사육했으나 남부의 가금류 생산자들은 옥수수와 대두를 구입할 수밖에 없었다. 이는 북쪽에서 들여와 역내 공장에서 가공한 것이다. 일부 사료 회사들은 금융 기관 역할도 했다. 예컨대 회사는 농업인들이 로컬 부화장에서 병아리를 구입할 수 있도록 자금을 빌려주었다. 사육 농가와 사료 공장, 부화장, 가공 공장 등은 상호 연계된 사업이었지만 대규모 가금 업체가 자신의 통제하에 이 모든 사업을 수직적으로 통합하기 전까지만 해도 이들은 지배권과 소유권을 독립적으로 유지하고 있었다.(National Chicken Council, 2014)

육계 사육 농가들은 가격 변동에 취약했다. 일부 농가에서는 가금류 가격이 폭락하자 대출 기관에 농장을 빼앗기고 병아리와 사료 구입에 사용한 대출금도 상환하지 못했다. 이러한 위험으로부터 농업인들을 보호하는 방법으로 1960년대 계약 생산이 도입되었다. 농업인들은 계약 생산 체계에서 회사가 정한 사료를 이용하여 정해진 기간에 병아리를 기르기로 가공 업체와 계약을 맺는다. 병아리는 부화한 지 하루 만에 기업이 소유한 부화장에서 사육 농가의 계사로 직접 배달된다. 사료와 약품 및 기타 필요한 물품도 공급된다. 계약 농가는 기업이 원하는 크기에 따라 7~10주 동안 병아리를 사육하고 가공 업체는 사육이 끝난 육계를 공장으로 운반하여 불과 수시간 내에 가공을 완료한다. 이와 같은 계약 생산 체계의 결과 농업인들은 사실상 가공 업체의 피고용인이 되었다. 그러나 농업인들의 재정적 위험은 감소하였고 사업 계획을 수립하기가 용이해졌다.

대두는 양계용 사료의 주요 원료로서 미국 남부에서 생산되지만 남부의 농업인들은 척박한 토양과 기복이 심한 지형으로 인해 초기부터 가금류 사업에 뛰어들었다. 이는 이 지역의 농장이 작물 생산에 적합하지 않음을 의미한다. 그들은 사료 공급처를 먼 곳에서 찾을 필요가 없었다. 사료용 곡물은 미시시피주와 일리노이주, 오하이오강 연안 등에서 풍부하게 생산되었고 해당 지역의 농업인들은 현금을 받고 곡물을 판매하고 있었다. 수확이 완료되면 옥수수와 대두는 일단 트럭에 실려 하안의 종착역으로 운송되고 그곳에서 바지선으로 하류로 이동한 다음 테네시강을 따라 앨라배마주의 디케이터(Decatur)와 건터즈빌(Guntersville) 등의 항구로 운반된다. 테네시강 연안 바지선 계류장 인근에 위치한 대형 사료 공장에서는 양계용 사료를 생산하는데, 이곳에서 생산한 사료는 트럭이나 철도로 앨라배마주와 조지아주 북부 등 가금류 사육 지대로 이동하게 된다. 또한 델라웨어주에서 오클라호마주 및 텍사

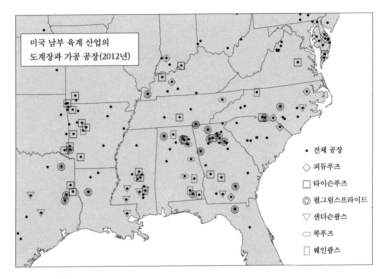

그림 7.3 미국 남부 육계 산업의 도계장과 가공 공장

자료: 미 농무부 식품안전검사국(Food Safety and Inspection Service) 자료를 이용하여 저자가 작성.

스주에 이르는 미국 남부의 다른 육계 산업 지역에서도 옥수수 지대에서 재배한 곡물을 열차를 통해 공급받고 있다. 이처럼 중서부 지역의 사료용 곡물은 양계용 사료에서 중요한 부분을 차지하고 있다.

농장을 출발한 닭은 비교적 짧은 거리를 이동하여 가금류 패킹 공장에 도착한다(**그림 7.3**). 가금류 메이저 업체들은 평균적인 주

(州) 크기의 절반 정도 되는 지역에서 사업을 영위하고 있다. 육계 농가들은 육계 생산 지역 내 모든 가공 시설과 근거리에 위치한다. 소규모 기업들도 타이슨과 필그림스프라이드 등 대형 업체들이 보유한 공장들과 함께 널리 분산되어 있다. 모든 패킹 공장은 자신들의 생산 지역에서 대규모 저온 저장 시설을 소유하거나 이용하고 있다. 이곳에서 가금류 제품은 냉장 트럭에 실려 시장으로 운송된다.

달걀

오래전부터 사람들은 가금류의 품종 개량에 몰두했는데, 이는 세계적으로 서로 다른 외양을 지닌 다수의 품종이 생겨나게 된 하나의 배경이라 할 수 있다.[Akers et al., 2001] 역사적으로 품종 개량의 주된 목적은 품평회에서 주목을 받을 만큼 뛰어난 가금류를 생산하는 것이었다. 따라서 육종가들은 깃털의 색상과 볏의 모양 그리고 전체적인 외관 등에 심혈을 기울였다. 와이언다트(Wyandotte) 종, 플리머스록(Plymouth Rock) 종, 로드아일랜드레드(Rhode Island Red) 종, 레그혼(Leghorn) 종 등은 외양을 개량한 미국의 주요 품종들이다. 아시아와 유럽의 품종들도 품평회에서 주목을 받았음은 물론이다.

이와 같은 육종가들은 외양 위주의 품종 개량으로 높은 평가를 받았지만 이러한 결과는 관심을 가진 소수에게만 알려졌을 뿐 금전적인 수익은 별로 없었다. 20세기 초반 농업 분야에 유전 과학이 도입되자 육종의 목적은 외관보다 생산 특성에 집중되기 시작했다.^(Mississippi State University, 2014) 예컨대 유전학의 영향으로 옥수수의 육종이 혁명적으로 발전했고 닭의 육종에서도 커다란 변화가 나타났다. 특히 잡종이 근친 교배종보다 강성하다는 점을 인식하게 되면서 이러한 시도는 더욱 활성화되었다.

육종으로 인해 육계와 산란계 사이에는 분화가 진행되었는데, 이는 주로 질병 저항성과 닭의 크기, 체중의 증가 속도, 산란 개시 시점, 육질 등에 대한 선택에서 기인한다.^(University of Georgia, 2012) 난육(卵肉) 겸용종인 로드아일랜드레드 종이나 플리머스록 종보다는 닭고기나 달걀 어느 한쪽에 유리한 형질이 더욱 중요시되었다. 닭의 육종에서 한 가지 중요한 목표는 더욱 이른 시기에 그리고 더욱 오랜 기간 알을 낳는 산란계 품종을 개발하는 것이었다. 오늘날 산란계는 18주령(週齡)에 알을 낳기 시작하고 첫해에 약 200개의 알을 낳는다. 미국에서는 약 3억 3,900만 마리의 산란계가 연간 920억 개의 알을 낳는데, 이는 암탉 한 마리당 평균 271개에 해당한다. 산란계 산업과 육계 산업은 각각 생애주기별 요건에 따라 서로 다른 유형의 축사와 사육 방식을 필요로 한다. 예컨대 닭이 산란을 하는 경우에는 낮의 길이에 민감한데, 이 문제가 육계 생산에는 별다른 영향을 미치지 않는다.(University of Georgia, 2012)

미국은 1880년대 후반 처음으로 달걀 생산량이 10억 개를 넘었고 1929년에는 생산량이 29억 개에 달했다. 20세기 전반기에는 달걀 주산지가 아이오와주와 미주리주, 일리노이주, 오하이오주, 인디애나주 등이었는데, 이들 지역은 옥수수 지대의 중심부에 해당한다. 달걀은 깨지거나 부패하기 쉬워서 시장에 근접하여 생산하는 것이 바람직하다. 서부 지역으로 인구 이동이 진행되자 달걀 생산에서도 동일한 경향이 나타났는데, 1954년에는 캘리포니아주가 미국 최대의 달걀 산지로 부상하게 되었다. 당시 펜실베이니아주와 뉴욕주, 뉴잉글랜드 지역 등도 주요 달걀 생산지였다.

오늘날 달걀과 육계는 과거와 거의 동일한 환경에서 생산되고 있다(그림 7.4). 2012년 현재 달걀 생산 상위 9개 지역에는 육계 생산 상위 6개 지역이 포함되어 있다. 이는 조지아주, 앨라배마주, 아칸소주, 노스캐롤라이나주, 미시시피주, 텍사스주 등이다. 한편 펜실베이니아주는 미국 최대의 달걀 생산지이고 오하이오주, 인디애나주, 아이오와주 등은 상위 10대 달걀 산지에 해당한다. 이

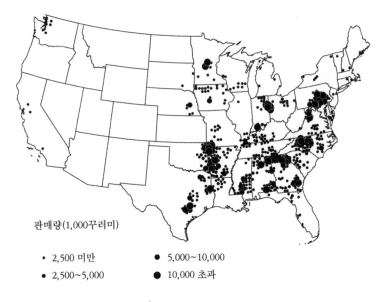

판매량(1,000꾸러미)

- • 2,500 미만
- ● 5,000~10,000
- • 2,500~5,000
- ● 10,000 초과

그림 7.4 달걀 판매량 (2012년)

자료: 미 농무부 농업총조사(Census of Agriculture, 2012) 자료를 이용하여 저자가 작성.

처럼 산란계 산업은 옥수수 지대와 오랜 기간 이어져 온 관계를 지속하고 있다. 그러나 오늘날 산란계 산업은 육계 산업과 함께 대부분 남부에 위치하고 있다. 한편 캘리포니아주와 뉴욕주는 이 제 더 이상 핵심적인 달걀 산지에 해당하지 않는다.

칠면조

미국에서 사육하는 칠면조는 북미 원산의 야생 칠면조(학명 *Meleagris gallopavo*)를 개량한 것으로, 이는 상업적 사육이 시작된 이후 크기와 형태에서 여러 차례 변화를 겪었다.[Smith, 2006] '칠면조(turkey)'의 영어 명칭은 이 동물의 기원에 대한 초기 유럽계 미국인들의 오해에서 비롯되었는데, 그들은 이를 터키에서 기르던 뿔닭이라 생각했다. 야생 칠면조는 활엽수림 주변에 서식하는 대형 조류다. 동부의 삼림 지대에서는 사냥꾼들이 예부터 가장 선호하던 사냥감이다.

아메리카에서 처음 기르던 칠면조는 몸집 크기와 깃털 색상이 야생 칠면조와 기본적으로 동일했다. 19세기 후반에는 미국 농장의 약 10~15퍼센트가 칠면조를 몇 마리씩 길렀는데, 전국적으로는 연간 수백만 마리의 칠면조가 생산되었다. 일반 대중이 칠면조를 선호하게 되자 칠면조의 시장 가치를 높이기 위한 육종이 활성화되었다. 대공황기(1929~39년)에는 칠면조 생산이 65퍼센트 정도 증가한 반면 생산 농가 수는 50퍼센트 정도 감소했다. 이처럼 소수의 농장을 중심으로 생산량이 증가한 것은 칠면조 생산이 또 하나의 전문 산업으로 부상했음을 의미한다.

사육 업자들은 칠면조가 몇 가지 측면에서 개량이 되길 기대했다. 1930년대 칠면조는 몸집은 큰 반면(약 8~11킬로그램) 가슴이 좁아 가슴살이 많지 않았다. 적색육과 백색육의 비율도 소비자가 선호하는 것과 정반대였고 손질을 마친 칠면조는 너무 커서 가정용 냉장고에 집어넣기도 어려웠다. 워싱턴시 외곽에 위치한 농무부 벨츠빌(Beltsville)연구소에서는 가금류 육종가들이 4개 품종의 유전자로 이러한 특성을 개량한 끝에 '신품종'을 내놓았다. 1947년 농무부의 벨츠빌 스몰화이트(Beltsville Small White) 품종이 첫선을 보였다.^(USDA Agricultural Research Service, 2015) 전국의 칠면조 번식가들이 이를 즉시 채택하면서 벨츠빌 스몰화이트는 이후 생산된 거의 모든 칠면조의 유전적 토대가 되었다. 그러나 이 품종의 지배적 지위는 오래가지 못했다.

시장에서는 스몰화이트보다 몸집은 더 크고 가슴살은 더 많은 칠면조를 선호했기 때문이다. 이에 따라 또 한 번의 육종 혁명을 거쳐 브로드브레스티드 화이트(Broad Breasted White)가 개발되었다. 1960년대 중반까지 이 품종은 칠면조 산업의 표준이 되었다. 당시 정부 기관의 학자들과 민간 육종가들은 칠면조의 크기를 줄이고 갈색 깃털도 제거했다. 그런 다음 적색육의 비율을 줄이고 다시 한 번 몸집을 키워 가슴살이 많은 품종을 개발했다. 브로드브레스티드 화이트는 인공수정에 의존하는데, 이는 가슴 부위가 너무 커서 자연 번식이 곤란하기 때문이다. 이 품종은 연간 2억 8,500만 수 정도가 판매되고 있다.

이처럼 칠면조에 대한 수요가 증가함에 따라 농장별 생산량은 증가한 반면 사육 농장 수는 감소했다. 게다가 칠면조가 추수감사절 만찬의 장식물에 그치지 않고 연중 소비하는 품목이 되면서 소비자들의 수요는 급격히 증가했다. 1980년대 초반부터 1990년대까지 칠면조 생산량은 연간 250만 파운드(약 1,100톤)에서 600만 파운드(약 2,700톤)로 증가했다.

전국적으로 볼 때, 오늘날 칠면조 생산 지역은 산란계 산업 지역과 유사한 분포를 보인다. 그러나 칠면조 산업은 미네소타주와 아이오와주, 사우스다코타주에 특히 집중되어 있다(그림 7.5). 1940년 얼 올슨(Earl Olson)은 미네소타주 윌마(Willmar)시에 칠면조 업체 제니-오(Jennie-O)를 설립했는데, 이후 이 회사는 1986년 호멜(Hormel)사에 매각되었다. 위스콘신주 배런(Barron)시의 월리스 제롬(Wallace Jerome)도 칠면조 사육, 가공 및 마케팅 업체 터키스토어(Turkey Store)를 설립했는데, 이 또한 2001년에 호멜사에 인수되었다. 오늘날 제니-오 터키스토어(Jennie-O Turkey Store)는 노스캐롤라이나주에 본사를 둔 유한회사 버터볼(Butterball LLC)에 이은 제2위의 칠면조 가공 업체다. 최대 가공 업체 버터볼은 시

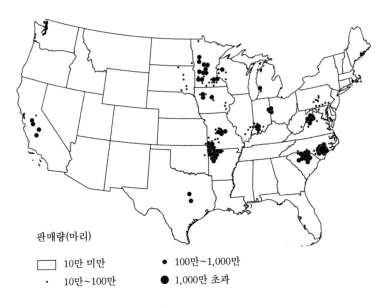

판매량(마리)

☐ 10만 미만   ● 100만~1,000만

· 10만~100만   ● 1,000만 초과

그림 7.5 칠면조 판매량 (2012년)

자료: 미 농무부 농업총조사(Census of Agriculture, 2012) 자료를 이용하여 저자가 작성.

보드팜스(Seaboard Farms)와 유한회사 맥스웰팜스(Maxwell Farms
LLC)가 공동으로 소유하고 있다.

육계 산업과 마찬가지로 칠면조 산업도 육종 부문과 부화장
은 이 분야 메이저 기업의 지배를 받고 있다. 미네소타주 중부
의 민간 소유 기술단지 라이프사이언스 이노베이션(Life Science

Innovations)에서는 칠면조 연구와 칠면조 알 생산량을 조정하면서 중서부 지역 농가들에게 해마다 4,500만 수의 새끼 칠면조를 공급한다. 노스캐롤라이나주에도 육종과 부화 산업이 미네소타주와 유사한 수준으로 집중되어 있다. 미네소타주와 노스캐롤라이나주는 양대 칠면조 생산 지역이다.(National Turkey Federation, 2015)

조류독감

식품 생산이 늘 성장만 하는 것은 아니다. 때로는 사업에 차질이 생기면서 기존 관행에 대한 재평가가 요구되기도 한다. 2014년 12월 서부 해안 지역 가금류 농장에서는 조류독감(AI)이 여러 건 발생했다. 2015년 3월에는 미네소타주의 칠면조에서 바이러스가 발견되었고 곧이어 미주리주와 아칸소주의 칠면조들도 감염되었다. 미국 농무부의 동식물검역소(APHIS)와 질병통제센터(CDC)는 공동 작업을 통해 조류 독감이 확인된 모든 가금류 무리를 살처분했다.(USDA, Animal and Plant Health Inspection Service, June 4, 2015)

조류독감은 2015년 3월부터 6월까지 맹위를 떨쳤는데, 당시 이 바이러스는 223개의 칠면조 및 산란계 생산 단위로 퍼져나갔다. 전국적으로 가금류 4,800만 수가 추가 확산 방지를 목적으로 살처분되었다. 미네소타주는 특히 윌마시 인근의 칠면조 산업 집적지를 중심으로 심각한 타격을 입었다. 칠면조 농장에 비해 10배 이상의 개체를 수용하는 산란계 농장은 아이오와주 북서부와 네브래스카주 동부를 중심으로 철저하게 파괴되었다.

야생 오리와 기러기는 바이러스를 전파하지만 그것의 영향을 받지는 않는다. 야생 조류가 바이러스 전파자라는 사실은 철새, 특히 물새들의 대륙 횡단 항로와 조류독감 발병 간 연관성에서 확인할 수 있다. 조류독감은 여러 방향으로 수백 킬로미터씩 건너뛰면서 확산되는데, 예를 들면 미네소타주에서 사우스다코타주와 노스다코타주로 그리고 미네소타주에서 아이오와주와 네브래스카주로 확산되는 식이다. 이에 대해 동식물검역소 연구자들은 야생 조류가 상업용 가금류에 조류독감을 유입시켰음을 확인해 주었다.(USDA, Animal and Plant Health Inspection Service, July 15, 2015)

조류 독감은 일단 유입되고 나면 로컬 스케일에서 급속히 확산된다. 이러한 전파는 주로 건강한 조류가 감염된 개체와 접촉할 때 발생한다. 수백만 마리의 가금류를 살처분하는 일은 공무원 수백 명이 동원되는 엄청난 규모다. 그런데 이들 공무원들의 이동만으로도 바이러스는 로컬 수준에서 확산될 수 있다. 조류독감이 확산하는 다른 요인으로는 농장 간 장비 공유나 감염된 농장과 여타 농장 간 인력 이동이 있다. 풍속이 빠른 경우에도 국지적인 질병 확산에 영향을 미치는 것으로 나타났다.

고병원성 조류독감은 재발 가능성이 높다. 따라서 닭과 칠면조는 야생 조류와 접촉이 차단된 실내에서 사육하는 것이 타당한 것으로 보인다. 그러나 마케팅 담당자들이 '자연방사(cage-free 또는 free-range)' 라벨을 선호하고 연방 정부는 이를 유기농 인증 표준으로 강제하고 있다.

조류독감은 한 마리만 감염되어도 전체 무리가 파괴될 수 있다. 따라서 농장의 운영 규모보다는 가금업의 지리적 군집화가 더 큰 의미를 갖는다고 하겠다. 일단 지역으로 유입되면 바이러스는 사방으로 급속히 확산될 수 있다. 따라서 질병의 확산은 지리적 스케일과 관련된다.

세계적으로 닭은 연간 약 400억 마리가 생산되는데, 이는 세계 인구의 약 5배에 해당한다. 닭 생산량은 수년간 꾸준히 증가한 이후 지난 10여 년간 일정하게 유지되고 있다. 조류독감과 같은 전염병으로 인해 가금류 총량은 일정 수준 아래에서 머무를 수도 있다. 그러나 2015년 조류독감 사태와 같은 대규모 감축에도 불구하고 그와 같은 현상은 발생하지 않고 있다. 전염병보다는 시장 수요와 생활 수준, 단백질 요구량, 소비자 취향 등이 생산량에 더 큰 영향을 주는 것으로 나타났다. 다른 식품 부문과 마찬가지로 세계적인 가금류 소비량의 논리적 상한선은 존재하지 않는 것으로 보인다.

제8장
과일과 채소

오늘날 미국의 상위 30대 과일 및 견과류와 상위 30대 채소의 재배 면적은 약 710만 에이커(약 290만 헥타르)다. 이들 양자의 재배 면적은 거의 유사한 수준을 보이고 있는데, 이를 합산한 면적은 전체 경지의 약 3퍼센트에 불과하다. 과일과 채소는 슈퍼마켓용 품목으로서 가격이 높고 부패하기 쉬우며 단위면적당 매출은 작물 가운데 가장 높다. 과일과 채소는 다른 작물에 비해 단위면적당 노동력과 자본 투입량이 많고 소득도 높다. 더욱이 성장기와 수확기의 환경 조건에도 매우 민감하다. 따라서 이들 작물은 많은 주의를 요하지만 수익성은 높다고 할 수 있다.

과일과 채소는 지리적으로 매우 편중되어 분포한다. 예컨대 캘리포니아주는 채소 재배 면적의 30퍼센트와 과일 및 견과류 재배 면적의 약 60퍼센트가 집중된 미국 최대 생산지다. 캘리포니아주에서도 프레즈노(Fresno)와 컨(Kern), 툴레어(Tulare), 머세드(Merced) 등 4개 카운티에 생산이 집중되어 있는데, 이들은 미국의 과일 및 견과류 재배 면적의 약 4분의 1을 차지한다. 반면 캘리포니아주의 58개 카운티 가운데 11개 카운티는 과일 및 견과류를 전혀 생산하지 않는다. 이처럼 주와 카운티 수준에서 나타나는 생산의 집중화는 몇 가지 요인에서 기인하는데, 그 가운데 온도와 습도 등 기후 변수는 매우 중요한 요인이다.

관개농업과 기후

캘리포니아주는 해마다 약 280억 세제곱미터 정도의 관개수를 이용하는데, 이는 전국에서 가장 많은 양이며 2위인 네브래스카주의 3배에 달한다. 또한 캘리포니아주의 물 소비량은 미국 전체 관개수의 4분의 1에 해당한다. 캘리포니아주는 연중 기온이 높아 성장기가 일 년 내내 이어지므로 경작에 매우 유리하다. 그러나 관개수를 이용하지 않으면 과일과 채소 재배는 거의 불가능하다

그림 8.1 캘리포니아주 샌와킨밸리 과수원의 관개 시설

자료: 저자 제공

(그림 8.1). 캘리포니아주 대부분의 카운티에서는 농장의 95퍼센트 이상이 관개농업을 하고 나머지 농장은 방목지이거나 작물을 재배하지 않는다.

캘리포니아주 이외에도 과일과 채소 재배를 관개에 의존하는 지역은 많다. 워싱턴주의 사과와 콜로라도주의 복숭아, 뉴멕시코주의 고추, 아이다호주의 감자, 텍사스주의 자몽 등도 관개수를 정기적으로 공급받아 생산되고 있다. 사실 미국 서부에서 생산하는 거의 모든 작물은 강수만으로 생산이 어렵다. 위스콘신주와 뉴저지주는 상대적으로 습윤한 지역임에도 사질 토양에서 채소를 재배하는 경우 관개수를 필요로 한다. 관개수는 지하 대수층에서 끌어올리거나 하천에서 물길을 돌려 얻는데, 이렇게 얻은 관개수는 미국 전역에서 과일과 채소 생산에 이용되고 있다. 지면에서 물을 공급하는 관개 방식은 작물의 열매와 잎을 건조하게 유지해 주므로 강수에 비해 질병과 해충의 피해가 적다는 이점도 있다.

기온과 수분은 작물 생산에 영향을 미치는 두 가지 중요한 환경적 요인이다. 이 가운데 수분은 추가 공급이 용이하다. 식물은 성장기에 온도가 높아짐에 따라 빠르게 반응하는데, 대부분의 작물은 온도가 높을수록 성장이 빨라진다. 또한 온도가 높을수록 식물은 생존을 위해 더 많은 물을 필요로 한다. 반면 냉량한 환경에서는 물을 많이 이용하지 않는다. 이와 같은 이유로 1900년대에는 다양한 종류의 과일과 채소 산지가 보다 고온 건조한 환경으로 이동했다.

과일 및 견과류 작물

그림 8.2는 미국의 과일과 견과류 재배 면적을 나타낸 것인데,

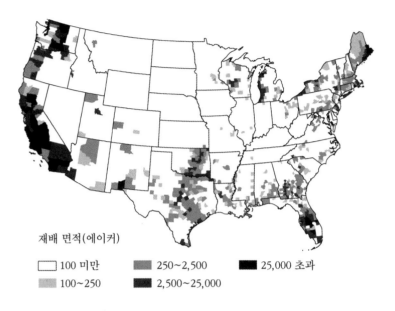

그림 8.2 과일 및 견과류 재배 면적 (2012년)

자료: 미 농무부 농업총조사(Census of Agriculture, 2012) 자료를 이용하여 저자가 작성.

북부 지역은 하절기 작물의 재배 면적을 나타낸 것이고 겨울철 기온이 온난한 플로리다주와 캘리포니아주는 연중 재배 면적을 합산한 것이다. 캘리포니아주와 플로리다주는 미국의 과일 및 견과류 총생산액의 4분의 3을 생산하고 있다. 워싱턴주와 오리건주, 조지아주 등은 온난하지는 않지만 작물의 성장기가 긴 지역으로서 총생산액의 15퍼센트를 생산한다.

미국에서 포도는 가장 널리 생산되는 과일인데, 재배 면적은 100만여 에이커(약 40만 헥타르)에 달하고 이 가운데 85퍼센트가 캘리포니아주에 분포한다. 캘리포니아주의 포도 재배 면적을 용도별로 보면 와인용이 63퍼센트, 건포도용이 25퍼센트, 생과용(生果用)이 12퍼센트 등이다.^(California Department of Food and Agriculture, 2015) 과거 와인용 포도는 와인 산업이 확고하게 자리 잡은 샌프란시스코를 중심으로 남북으로 길게 뻗은 코스트산맥(Coast Range) 계곡에 집중되어 있었다. 생과용과 건포도용은 샌와킨밸리 남부에서 재배되었다. 오늘날에는 와인용 포도가 캘리포니아주에서 광범위하게 재배되고 있고 와인 산업은 샌와킨밸리까지 확대되었다. 성장기의 고온과 풍부한 일조량, 풍부한 관개수 등이 이 지역 포도 생산을 뒷받침하고 있다.

워싱턴주는 제2위의 포도 생산지다. 워싱턴주의 태평양 연안 산지는 매우 습윤한 지역이지만 포도 산지는 이곳이 아니다. 포도는 캘리포니아주와 마찬가지로 태평양 연안 산지의 비그늘 사면에 위치한 저지대에서 재배되고 있다. 이곳은 성장기에 고온 건조한 날씨를 보이며 눈 덮인 저수지에서 끌어온 관개수를 이용할 수 있다.

모든 품종이 고온에서 생산되는 것은 아니다. 뉴욕주는 재배 면적 기준 미국의 3대 포도 생산지인데, 이곳에서는 샴페인용 품종도 일부 재배하고 있다. 이리호를 따라 대상으로 나타나는 지역에서는 달콤한 포도 주스와 포도 잼 용도로 콩코드 포도를 재배하고 있다. 미시간주 남서부에 위치한 포도원(6,000에이커, 약 2,400헥타르)에서는 포도 주스 용도로 콩코드 포도를 생산한다. 미국에서는 포도 생산량이 많음에도 불구하고 소비량의 절반 이상을 수입하고 있다. 포도가 생산되지 않는 겨울철에 주로 칠레산 포도가 생과용으로 판매된다.^(Huang and Huang, 2007)

재배 면적 기준으로 포도의 뒤를 잇는 작물에는 아몬드(73만 7,000에이커, 약 30만 헥타르)와 오렌지(50만 8,000에이커, 약 20만 헥타르), 사과(29만 4,000에이커, 약 12만 헥타르) 등이 있다. 주로 간식으로 이용되는 아몬드는 캘리포니아주의 새크라멘토강과 샌와킨강 연안에서 거의 독점적으로 생산된다. 오렌지 농장은 플로리다주(3분의 2)와 캘리포니아주(3분의 1)로 양분된다. 이들 두 지역에 분포하는 약 20여 개 카운티에서는 각각 1,000에이커(400헥타르)가 넘는 농지에서 오렌지를 생산하고 있다. 플로리다주 오렌지 수확량의 90퍼센트는 주스 생산에 이용된다. 한편 오늘날 플로리다주의 감귤류 생산은 질병 문제로 위협받고 있다.^(Florida Citrus Mutual, 2015) 미국에서 소비하는 오렌지 주스의 약 40퍼센트는 수입 오렌지를 원료로 이용하는데, 이는 대부분 브라질에서 수입한 것이다. 반면 남아프리카공화국과 멕시코, 칠레, 오스트레일리아 등에서 수입한 오렌지는 모두 청과물 시장으로 공급된다.

플로리다주 동부 해안 지역에서는 미국산 자몽의 3분의 2가 생산되고 나머지 대부분은 텍사스주 최남단의 리오그란데강 연안에서 생산된다. 최근 들어 자몽의 인기가 하락하고 있는데, 이는 자몽이 특정 약물의 효과를 강화한다는 경고 때문이기도 하다. 미국의 자몽 생산량은 2000년 이후 50퍼센트 이상 감소했다.[Perez and Plattner, 2015]

플로리다주에서는 과거 키라임(Key lime) 산업이 번성했는데, 1926년 허리케인으로 산업의 상당 부분이 파괴되었다. 그 후 라임 생산자들은 키라임보다 열매가 크고 과피는 더 짙고 과즙이 많은 페르시아라임으로 교체했는데, 이후 이 과일은 플로리다주 남부에서 오랜 기간 생산되었다. 이 지역은 캘리포니아주의 일부 과수원과 함께 미국 시장에 라임을 공급했다. 미국에서 라임은 많은 양은 아니지만 널리 이용되고 있다.

지난 10년간 플로리다주에서는 감귤궤양병으로 인해 라임 생산이 큰 폭으로 감소했다. 캘리포니아주와 마찬가지로 플로리다주도 라임 생산지가 일부 남아있지만 오늘날 미국에서 소비되는 라임은 대부분 세계 최대 라임 생산국인 멕시코에서 수입한 것이다.

미국의 1인당 라임 소비량은 1990년 1파운드에도 미치지 않았으나 오늘날에는 2.5파운드로 증가했다. 멕시코의 라임은 주로 미국 시장에 판매하기 위해 생산되고 있다.(Plattner, 2014)

사과 생산지의 분포는 다양한 역사적·환경적 영향을 반영한다. 2012년 워싱턴주는 미국 사과 수확량의 절반 정도를 생산한 반면, 사과는 두 개 지역(알래스카주와 하와이주)을 제외한 모든 주에서 상업적으로 생산되고 있다. 사과는 인기 있는 과일일 뿐 아니라 다양한 환경에서 재배가 가능하기 때문에 광범위한 지역에서 생산되고 있다. 사과는 5대호 연안에서도 생산이 가능한데, 이는 미시간호와 이리호 및 온타리오호 등 호수 주변 지역이 겨울철에 비교적 온화하기 때문이다.(Michigan Apple Committee, 2015) 사과나무는 펜실베이니아주와 뉴잉글랜드 지역에서도 겨울을 날 수 있는데, 이들 지역은 사면 경사가 커서 찬 공기가 배출되는 데 유리하기 때문이다.

재배 면적 누적비 상위 50퍼센트를 점하는 지역의 수는 작물의 생산 패턴에서 집중화를 나타내는 척도다. 이를 여타 작물과 비교해 보면 사과는 상대적으로 분산되어 있다. 미국 사과 농장의 절반은 워싱턴주, 뉴욕주, 펜실베이니아주, 미시간주 등에 위치한 7개 카운티에 분포한다. 대부분의 과일 및 견과류는 이보다 집중되어 있다. 상위 30대 작물 가운데 15개 작물은 1~2개 카운티에 집중 분포하고 있다(표 8.1).

한편 일부 작물은 환경적 요인 때문에 소수의 지역에서만 생산되고 있다. 대추야자는 소노란사막의 고온 건조한 기후에서 잘 자라고 야생 블루베리는 메인주 동부의 냉량한 기후와 산성 토양에서 생산성이 높으며 크랜베리는 위스콘신주 중부와 매사추세츠주 남부 코드(Cod)곶의 사질 산성토에서 재배된다. 라즈베리와 같은 작물은 특별한 이유 없이 소규모 지역에 집중되기도 한다. 워싱턴주 시애틀 북부의 왓컴(Whatcom) 카운티는 미국 최대의 라즈베리 생산지인데, 이 작물은 왓컴 카운티에서도 캐나다와 접하고 있는 아주 좁은 지역에서만 재배되고 있다. 캘리포니아주는 라즈베리 재배 면적은 작지만 단위면적당 생산성이 높아 생과 공급을 주도하고 있다. 그러나 워싱턴주와 캘리포니아주에서 생산된 물량으로는 미국의 수요를 충족시키지 못한다. 라즈베리는 특히 겨울철에 멕시코와 칠레에서 수입하는데, 이는 미국 내 생산량의 18퍼센트에 해당한다. 대부분의 수입 물량은 생과로 판매된다.^{(Huang and Huang,}
2007: Geisler, 2012b)

오리건주 윌래메트(Willamette)강 연안의 4개 카운티에서는 미국산 블랙베리의 대부분이 생산되고 있다. 2014년 오리건주의 총 생산량은 4,486만 파운드인데, 이 가운데 92퍼센트가 주스와 잼,

표 8.1 과일 및 견과류 생산의 집중화 (2012년)

작물	재배 면적 누적비 상위 50%가 다음 지역의 1~2개 카운티에 집중됨
살구	캘리포니아
아보카도	캘리포니아
블루베리(야생)	메인
대추야자	캘리포니아
구아바	플로리다
자몽	플로리다
레몬	캘리포니아, 애리조나
라임	캘리포니아, 애리조나
망고	플로리다
파파야	하와이
파인애플	하와이
피스타치오	캘리포니아
라즈베리	워싱턴
딸기	캘리포니아
귤	캘리포니아
작물	**재배 면적 누적비 상위 50%가 다음 지역의 3~4개 카운티에 집중됨**
아몬드	캘리포니아
블랙베리	오리건
타르트체리	미시간
크랜베리	위스콘신, 메사추세츠
헤이즐넛	오리건
오렌지	플로리다, 캘리포니아
배	오리건, 워싱턴
자두	캘리포니아
호두	캘리포니아

작물	재배 면적 누적비 상위 50%가 다음 지역의 5~8개 카운티에 집중됨
사과	워싱턴, 뉴욕, 펜실베이니아, 미시간
블루베리(재배)	미시간, 뉴저지, 노스캐롤라이나, 워싱턴, 조지아, 오리건
스위트체리	캘리포니아, 오리건, 워싱턴
포도	캘리포니아
복숭아	캘리포니아, 사우스캐롤라이나, 조지아
작물	재배 면적 누적비 상위 50%가 다음 지역의 34개 카운티에 집중됨
피칸	뉴멕시코, 조지아, 텍사스, 오클라호마, 루이지애나

자료: 미 농무부 농업총조사(Census of Agriculture)

농축액 등으로 가공되었다. 따라서 미국에서는 수입품을 제외하면 블랙베리 생과를 구하기란 거의 불가능함을 알 수 있다. 같은 해 미국은 주로 멕시코에서 블랙베리 생과 9,570만 파운드(약 43,000톤)를 수입했다. 라즈베리와 마찬가지로 미국산 블랙베리는 가공에 사용하고 생과용은 수입하고 있다.(Geisler, 2012b)

현재 미국에서 소비하는 신선과일의 2분의 1과 통조림의 5분의 2, 과일 주스의 3분의 1이 해외에서 수입되고 있다.(USDA Economic Research Service, 2015: Ferrier, 2014) 국가별로는 멕시코가 최대 공급처이고, 칠레(신선과일)와 브라질(오렌지 주스), 중국(사과 주스)이 그 뒤를 잇는다. 바나나를 제외한 신선과일 수입량은 1990년 소비량의 약 12퍼센트에서 오늘날 약 25퍼센트로 증가했다. 미국인의 식단에서 신선과일이 증가한 것은 농산물 수입에 힘입은 바 크다. 캐나다와 멕시코 농산물에 대한 관세가 북미자유무역협정(NAFTA)으로 인해 대부분 철폐되었다.[Zahniser et al., 2015] 칠레는 남반구에 위치하고 있어 북반구와 생산 시기가 상이하다. 따라서 신선과일 시장에서 미국의 생산자들과 직접 경쟁하지 않으며 미국으로 판매하는 농산물의 관세도 낮은 수준이다.

피칸의 생산 지역은 앞서 논의한 집중화 현상과는 매우 다른 특징을 보인다. 뉴멕시코주 도냐나(Doña Ana) 카운티는 관개를 통해 2만 5,000에이커(약 10,000헥타르)에서 피칸을 생산하는 미국 내 최대 공급처다. 그렇지만 이 작물의 재배 면적 누적비 상위 50퍼센트에 도달하려면 여기에 5개 주 33개 카운티의 면적을 합산해야 한다. 피칸은 월동이 가능한 모든 지역에서 상업적으로 재배되는데, 이는 미주리주 남부로부터 오클라호마주를 거쳐 텍사스주에 이르는 지역에서 수많은 소규모 농장들의 주요 수입원이다. 주별로 보면 미국의 최대 피칸 산지는 조지아주다. 이 지역은 뉴멕시코주보다 30퍼센트 정도 더 많이 생산한다. 또한 텍사스주와 애리조나주, 오클라호마주, 앨라배마주 등도 주요 피칸 산지다.

피칸(학명 *Carya illinoinensis*)은 북아메리카 원산의 작물이다. 이는 피칸이 겨울 기후가 온화한 멕시코와 중앙아메리카, 미국 남부 등에서 광범위하게 적응하는 주요 배경이다. 미국은 멕시코에서 피칸을 수입하고 이와 비슷한 규모로 홍콩과 동남아시아에 수출한다. 미국의 1인당 피칸 소비량은 지난 수년간 평균 0.5파운드(약 230그램) 정도였다.(Perez and Plattner, 2015) 피칸의 사례로 보건대, 특수작물이 반드시 제한된 지역에서 소수의 농장을 중심으로 생산되는 것은 아니다.

채소

미국에서는 매년 325만 에이커(약 130만 헥타르)에서 채소를 재배하는데, 이러한 채소 재배지는 과일 재배지에 비해 지리적으로 다소 분산되어 있다(그림 8.3). 채소의 재배 면적 누적비 상위 50퍼센트는 8개 주 20여 개 카운티에 분포한다. 이처럼 분산된 특성은 감자와 단옥수수 등이 다양한 기후에서 재배된다는 점에 기인한다. 이들은 재배 면적 기준 미국의 2대 작물에 해당한다. 채소 재배 지역은 계절별 기온에 따라 2개 지역으로 양분되는데, 하나는 여름철에만 생산하는 북부 지역이고 다른 하나는 연중 생산하는 해안 및 아열대 지역이다.

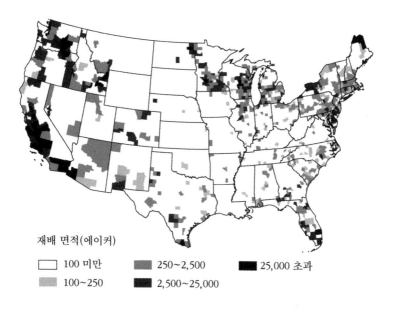

재배 면적(에이커)

☐ 100 미만   ▨ 250~2,500   ■ 25,000 초과

▨ 100~250   ■ 2,500~25,000

그림 8.3 채소 생산 지역 (2012년)

자료: 미 농무부 농업총조사(Census of Agriculture, 2012) 자료를 이용하여 저자가 작성.

아티초크와 브로콜리, 방울다다기양배추, 콜리플라워 등은 로마 시대부터 지중해 북부 연안에서 재배하던 채소다. 이러한 작물들은 지중해성 기후가 넓게 나타나는 캘리포니아주에서 수월하게 생산되고 있다. 고대 페르시아에서 유래한 마늘과 당근, 시금치 등도 캘리포니아주와 같은 기후에 잘 적응하고 있다. 셀러리와 상추, 아스파라거스 등도 고대 그리스와 이집트에서 생산하던 작물이다. 이 모든 작물은 성장기가 긴 캘리포니아주에 적합한데, 고온 건조한 여름철에는 관개가 필요하다. 이들 작물의 미국 내 생산은 대부분 캘리포니아주에서 이루어지고 있다.

이처럼 캘리포니아주는 지중해 지역에서 유래한 작물에 적합한 기후 조건을 갖추고 있는데, 그렇다고 해서 세계 다른 지역이 이와 경쟁할 수 없다는 의미는 아니다. 마늘이 하나의 예다. 중국은 1990년대부터 미국에 마늘을 수출하기 시작했는데, 미국에서 중국 마늘의 점유율이 높아지자 캘리포니아주 농가들은 연방 차원에서 보호해 줄 것을 요청했다. 1994년 미국 상무부는 중국이 마늘을 덤핑 수출했다고 주장하고 중국산 마늘에 376퍼센트의 관세를 부과했다. 마늘 수입량은 빠르게 감소했고 미국의 마늘 재배 면적은 1999년 4만 2,000에이커(1만 7,000헥타르)로 증가했다. 그러나 중국은 만만치 않은 상대다. 중국의 일부 지역에서는 마늘 생산이 연중 가능하고 생산 비용도 낮은 수준이다. 높은 관세에도 불구하고 일부 캘리포니아주 마늘 생산자들은 타 작물로 전환했는데, 이에 따라 중국산 마늘의 대미 수출은 다시금 증가하게 되었다.[Huang and Huang, 2007] 2012년 미국의 마늘 재배 면적은 2만 에이커 수준으로 하락했다.

캘리포니아주 살리나스(Salinas)강 연안의 양상추 단지는 미국의 대표적인 채소 재배 지역이다. 이 지역의 양상추 농지는 13만 5,000에이커(약 5만 5,000헥타르, 2012년)인데, 이는 모두 몬터레이(Monterey) 카운티 한 곳에 집중되어 있다. 이 밖에 양상추 산지로는 7만 에이커(약 2만 8,000헥타르)를 경작하는 애리조나주 유마(Yuma) 카운티와 4만 2,000에이커(약 1만 7,000헥타르)를 경작하는 캘리포니아주 임페리얼밸리(Imperial Valley)가 있다. 이들 두 지역은 공통적으로 콜로라도 강물을 관개수로 이용한다. 미국의 시금치도 대부분 이와 동일한 지역에서 생산되고 있다. 이상 세 지역에서는 양상추와 시금치를 연중 생산하고 있어 두 작물은 해외로부터 수입을 거의 하지 않는다.

플로리다주 남부는 미국에서 신선채소를 연중 가장 많이 생산한다. 이 지역은 토마토와 단옥수수, 오이, 피망, 강낭콩과 같은 작물에 전문화되어 있다. 겨울철에는 이들 작물이 플로리다주와 텍사스주 남부에서만 공급되고 있어 해외로부터 매우 빈번하게 수입되고 있다. 한편 북부 지역에서는 이러한 작물이 여름 채소로 재배된다.

뉴저지주 남부는 대서양과 델라웨어만 사이에 위치하는데, 이 지역 카운티들은 소위 '가든스테이트(Garden State)' 카운티로 일컬어진다. 이곳은 플로리다주 남부와 재배 작물은 동일하지만 재배 시기는 여름철로 제한된다. 일부 작물은 시간이 흐름에 따라 점차 북쪽으로 생산 지역이 이동한다. 겨울철 플로리다주 남부를 시작으로 플로리다주 북부를 거쳐 조지아주와 사우스캐롤라이나주, 노스캐롤라이나주, 델라웨어주, 뉴저지주 그리고 마지막으로 뉴욕주 서부로 이동하는 식이다. 단옥수수와 양배추, 감자, 토마토, 가지, 오이, 잎채소(케일·콜라드·겨자), 수박 등은 모두 생산 지역이 연중 북쪽으로 이동한다. 이와 같은 채소 작물의 상당 부분은 동북부 도시 지역을 대상으로 생산되고 있다.

아메리카 원산의 작물

캘리포니아주에서 재배되는 채소는 기후 조건뿐 아니라 작물의 기원에서 다른 지역 채소와 차이를 보인다. 아메리카 대륙이 원산지인 작물들은 지리적으로 광범위한 생산 패턴을 보인다(표 8.2). 예컨대 감자는 미국에서 가장 광범위하게 생산되는 채소로서 토마토와 마찬가지로 남아메리카의 안데스 산지가 원산지다. 또한 옥수수는 멕시코 남부에서 최초로 재배되기 시작했다. 호박은 깍지콩이나 식용의 건조콩(dry edible beans) 등 일반 콩(학명 *Phaseolus*

표 8.2 채소 생산의 집중화 (2012년)

작물	재배 면적 누적비 상위 50%가 다음 지역의 1~2개 카운티에 집중됨
아티초크	캘리포니아
브로콜리	캘리포니아
방울양배추	캘리포니아
허니듀멜론	캘리포니아
당근	캘리포니아
콜리플라워	캘리포니아
샐러리	캘리포니아
마늘	캘리포니아
상추	캘리포니아, 애리조나
무	플로리다
시금치	캘리포니아, 애리조나
작물	재배 면적 누적비 상위 50%가 다음 지역의 3~4개 카운티에 집중됨
아스파라거스	미시간, 캘리포니아
비트	뉴욕, 캘리포니아
칸탈루프멜론	캘리포니아, 애리조나
허브	텍사스, 캘리포니아, 뉴저지
파슬리	캘리포니아, 텍사스
토마토	캘리포니아
작물	재배 면적 누적비 상위 50%가 다음 지역의 5~15개 카운티에 집중됨
양배추	텍사스, 조지아, 캘리포니아, 위스콘신, 뉴욕
오이	미시간, 위스콘신, 캘리포니아, 텍사스, 플로리다, 조지아
가지	캘리포니아, 뉴저지, 하와이, 플로리다, 조지아, 코네티컷
양파	캘리포니아, 워싱턴, 오리건, 텍사스, 아이다호, 조지아
완두콩	오리건, 미네소타, 워싱턴, 위스콘신
피망	플로리다, 캘리포니아

고추	캘리포니아, 뉴멕시코
감자	아이다호, 워싱턴, 위스콘신, 노스다코타, 메인, 캘리포니아
깍지완두	위스콘신, 플로리다, 오리건, 뉴욕, 텍사스, 일리노이
작물	재배 면적 누적비 상위 50%가 다음 지역의 15개 이상의 카운티에 집중됨
수박	텍사스, 인디애나, 캘리포니아, 조지아, 플로리다, 애리조나, 미주리
단호박	일리노이, 캘리포니아, 텍사스, 펜실베이니아, 버지니아, 뉴욕, 미시간, 콜로라도, 델라웨어, 뉴저지, 오리건, 오하이오
호박	플로리다, 미시간, 뉴욕, 캘리포니아, 뉴저지, 오리건, 조지아, 애리조나, 텍사스, 워싱턴, 매사추세츠
단옥수수	워싱턴, 미네소타, 위스콘신, 플로리다, 조지아, 캘리포니아, 아이다호, 델라웨어

자료: 미 농무부 농업총조사(Census of Agriculture)

vulgaris)과 함께 중앙아메리카가 원산지다. 이러한 식물들은 북아메리카의 다양한 환경에 잘 적응하고 있는데, 실제로 초기 유럽인들이 이곳을 여행하며 기록한 바에 따르면, 당시 이 지역에는 이러한 식물들이 풍성하게 자라고 있었다.

감자는 세계적으로 옥수수, 밀, 쌀에 이어 생산량 기준 4위를 차지하는 주요 식량 작물이다. 에스파냐인들이 남아메리카에서 감자를 발견하고 이를 유럽으로 가져간 이후 유럽에서는 감자의 생산량과 품질 향상을 위한 많은 시도가 이루어졌다. 수세기가 지난 후, 농업 분야의 선구자 루서 버뱅크(Luther Burbank)가 황갈색의 버뱅크 감자를 개발하면서 관련 논의는 진일보하게 된다. 황갈색의 러셋버뱅크(Russet Burbank) 감자는 미국 동북부에서 19세기 후반에 발전하기 시작한 감자 농업의 근간이 되었다.[Bohl and Johnson, 2010] 이후 1920년대에는 메인주가 미국 최대의 감자 생산지가 되었고, 1960년대에는 아이다호주가 메인주을 제치고 최대 생산지로 부상했다. 메인주에서는 감자 재배가 대부분 북동부의 아루스투크(Aroostook) 카운티에서 이루어지고 있다.[Maine Potato Board, 2013]

한편 아이다호주가 감자 생산의 선두 주자로 떠오른 것은 이 작물의 용도 변화와 관련이 있다. 아이다호주 감자 산업은 냉동 프렌치프라이가 발명되면서 발전하기 시작했다. 이는 당시 이 지역의 대표적인 감자 생산자 심플롯(J. R. Simplot)이 개발에 참여한 품목이다. 1967년 심플롯은 아이다호주에서 생산한 감자로 냉동식품을 생산하여 맥도날드 패스트푸드 매장에 공급하기 시작했다. 과거에는 대부분 조리용 생감자로 이용했는데, 1970년경 가공감자가 이를 넘어서게 되었다. 현재 생감자로 소비되는 비중은 전체의 26퍼센트이고 칩과 말린 감자는 생감자와 비슷한 비중을 보이는 반면, 냉동 프렌치프라이는 감자 소비량의 43퍼센트를 차지한다.[National Potato Council, 2015] 오늘날 아이다호주에서는 미국산 감자의

표 8.3 미국의 주요 채소 생산 지역 (2012년)

지역	재배 면적(에이커)	주요 채소류
콜롬비아분지	339,299	감자, 단옥수수, 양파, 스위트피
샌와킨밸리 남부	310,843	토마토, 당근, 감자, 양파, 칸탈루프멜론
스네이크강 연안 평야	254,472	감자
샌와킨밸리 북부와 새크라멘토밸리	195,913	토마토, 단옥수수, 칸탈루프멜론
임페리얼밸리, 코첼라밸리와 콜로라도강	191,071	상추, 콜로플라워, 당근
플로리다주 남부	125,369	토마토, 단옥수수, 깍지완두
뉴욕주, 온타리오호	80,659	깍지완두, 단옥수수, 감자, 양배추
조지아주-플로리다주 해안 평야	74,250	감자, 단옥수수, 수박, 푸른 잎 채소
뉴저지주 남부와 델마바	50,347	단옥수수, 감자, 토마토, 오이
리오그란데강 하류 평야	38,323	수박, 양파, 양배추

자료: 미 농무부 농업총조사(Census of Agriculture)

약 30퍼센트가 생산되고 워싱턴주와 오리건주의 콜롬비아분지에
서는 16퍼센트가 생산된다. 위스콘신주, 미네소타주, 노스다코타
주 등은 청과 시장 및 칩 제조용으로 다량의 붉은 감자를 생산하
고 있다.

　워싱턴주와 오리건주에 위치한 콜롬비아분지는 미국 서부의 대
표적인 관개 지역으로서 과일과 채소 부문을 중심으로 고도로 다
각화된 지역이다(표 8.3). 이곳은 대량의 감자를 생산할 뿐 아니라

미국산 양파의 약 3분의 1과 배의 85퍼센트, 완두콩의 30퍼센트, 단옥수수의 15퍼센트를 생산하고 있다. 또한 사과 생산량의 48퍼센트를 점하고 있다. 이처럼 거대한 관개 농지는 1930년대 콜롬비아강에 그랜드쿨리 댐이 건설되면서 조성될 수 있었다.

한편 토마토는 미국에서 감자에 이어 두 번째로 널리 생산되는 채소다. 토마토는 2012년 1,800여 개 카운티에서 상업적으로 생산되었음에도 불구하고 캘리포니아주에서 75퍼센트, 플로리다주에서 10퍼센트가 생산되고 있다. 플로리다주는 겨울철 청과용 토마토의 주요 공급처인데, 재배 면적은 캘리포니아주와 거의 동일하다. 한편 캘리포니아주는 가공 토마토의 96퍼센트를 생산하고 있는데, 이는 이 작물의 가장 중요한 사용처다.

캘리포니아주는 한때 거대한 케첩 공장들의 본거지였다. 그러나 이 지역의 토마토 가공 산업은 그동안 많은 변화를 겪었다. 주요 브랜드 업체들은 지금도 캘리포니아주에서 생산한 토마토를 가공하고 있으나 오늘날 이 사업의 상당 부분은 중간 가공 업체들에게 넘어가고 말았다. 중간 가공 업체들은 토마토를 수확하고 이를 페이스트와 퓨레, 케첩, 썰거나 으깬 제품 등으로 가공한다. 그런 다음 가공한 토마토를 55갤런(약 210리터)과 300갤런(약 1,140리터) 용기로 포장하여 캘리포니아주 또는 세계 각지의 브랜드 업체로

운송한다.^(The Morning Star Co., 2015)

중서부 북부의 여름 채소

미국 중서부는 여름철에 과일과 채소 농업에 유리한 자연환경을 갖추고 있다. 이 지역은 5대호의 영향으로 특히 겨울 추위가 누그러져 과수 농업에 유리하다. 미시간주 서부 지역은 미국 최대의 타르트체리 생산지이고 미시간호 연안의 카운티들에서는 스위트체리와 블루베리, 사과 등이 재배되고 있다.

미시간주와 위스콘신주, 미네소타주에서는 매우 다양한 여름 채소가 생산되고 있다(그림 8.4). 이 지역은 여름철 낮의 길이가 길고 낮에는 따뜻하고 밤에는 서늘하여 단옥수수, 콩, 오이, 완두콩, 감자 등을 재배하는 데 유리하다. 중서부 북부 지역의 토양은 빙하성 물질에서 기원하므로 양분이 많고 유기물이 풍부하다. 이 지역은 채소 재배에 적합한 두 가지 토양이 분포하는데, 하나는 유기물이 풍부한 검은색의 부엽토이고 다른 하나는 과거 빙하호의 퇴적층이 배수되면서 형성된 사질 토양이다. 이들 양자는 미시간주에서 노스다코타주에 걸쳐 광범위하게 분포한다.

여름 채소는 대부분 계약을 기반으로 생산되고 있다. 채소 생산

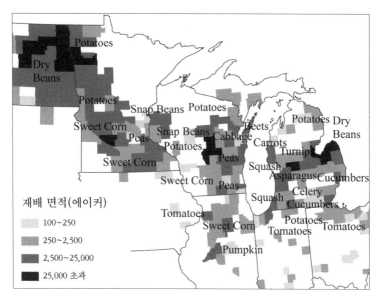

그림 8.4 중서부의 여름 채소 재배 면적

자료: 미 농무부 농업총조사(Census of Agriculture, 2012) 자료를 이용하여 저자가 작성.

자들은 낙농가일 수도 있고 곡물 농가 또는 경지를 보유한 파트타임 농업인일 수도 있다. 이들은 식품 가공 업체와 계약을 체결하는데, 계약 기업은 한 가지 또는 두세 가지 작물의 파종과 수확을 책임지게 된다. 위스콘신주와 미네소타주에는 다수의 통조림 생산 업체와 냉동식품 공장이 널리 입지하고 있는데, 이들은 트럭을

이용하여 경지에서 공장까지 농산물을 조달하고 있다. 푸른 완두
콩은 초여름에 수확하고 뒤를 이어 깍지콩과 단옥수수를 수확한
다. 통조림 공장은 수확 철에만 가동되고 나머지 기간에는 가동을
멈춘다. 작물이 익어가는 시점이 남에서 북으로 이동함에 따라 수
확 및 공장 가동 시점도 이동하게 된다.(Frederic, 2002)

수확한 오이는 피클 공장으로 보내고 양배추는 사워크라우트
(sauerkraut) 공장으로 보내며 다른 작물들은 청과 시장으로 판매
한다. 배추 뿌리를 닮은 파스닙(parsnips)과 순무류, 콜라비, 당근
등의 뿌리채소는 전통적으로 북유럽의 작물인데, 북유럽은 여름
철이 온화하고 성장기가 짧으며 일광 시간이 긴 특징을 갖는다.
이들 작물은 북유럽과 재배 조건이 유사한 미시간주에서 생산되
고 있다.

여름철에는 단옥수수를 날것으로 판매하지만 중서부의 북부 지
역에서 생산한 단옥수수는 대부분 통조림 공장이나 냉동식품 공
장에서 가공하고 있다. 전국적으로 볼 때, 단옥수수는 곡물용 옥수
수를 생산하는 옥수수 지대보다 채소 농업 지역에서 주로 재배되는
데, 일부에서는 곡물용 옥수수와 함께 생산되기도 한다. 미네소타주
렌빌(Renville) 카운티는 여름철에 평균 2만여 에이커(8,000여 헥타
르)에서 단옥수수를 재배하고 있다. 이는 단옥수수를 생산하는 카

운티 가운데 3~4위 정도에 해당한다. 그러나 렌빌 카운티에서 단옥수수 재배 면적은 곡물용 옥수수 재배 면적의 10퍼센트에도 미치지 못한다. 단옥수수는 계절 작물이다. 플로리다주에서는 겨울철에, 북부 지역에서는 여름철에 재배된다. 단옥수수는 곡물용 옥수수와 겉모양은 비슷하지만 이 둘은 별로 관련이 없다.

한편 일리노이강 연안의 사질 토양은 호박 재배에 적합하고 워바슈강 연안 저지대의 사질 토양은 수박 재배에 유리하다. 일리노이주의 호박은 인근 통조림 공장에서 호박 파이용 소를 만드는 데 사용되고 워바슈강 연안의 수박은 청과로 판매된다. 사질 토양은 위스콘신주의 중부 및 북부의 대규모 감자 산지 형성에도 기여했다. 이러한 작물들은 미국 중서부 환경에 광범위하게 적응하고 있지만 물 빠짐이 좋은 토양과 같이 환경적 이점이 있는 경우에는 특정 지역으로 집중하기도 한다.

노스다코타주는 다양한 품종의 강낭콩을 비롯한 건조콩의 최대 산지다. 콩과 감자는 중서부 북부 지역의 여름철 짧은 성장기에도 재배가 가능하고 여타 채소 작물보다 북쪽에서 재배되고 있다. 식용 건조콩의 주된 용도는 통조림이다. 이는 뉴멕시코주의 리오그란데강 연안에서 재배되는 녹색 및 적색 고추와 함께 미국 내 멕시코 식품 가공 산업의 핵심 원료다.

신선과일 및 채소의 소비 증가

지난 40여 년간 미국에서는 과일과 채소의 1인당 소비가 서서히 그리고 불규칙적으로 증가했다. 전체 식품 소비에서 신선과일과 채소의 비중은 1970년대 초 40~45퍼센트에서 오늘날 45~50퍼센트로 증가했다. 신선과일 소비 증가분의 약 50퍼센트와 신선채소 소비 증가분의 4분의 1은 수입 농산물로 충당하고 있다. 1994년 북미자유무역협정이 발효되면서 멕시코산 신선 농산물 수입이 증가하기 시작했는데, 1990년대 초 연간 10억 달러 안팎이던 수입량이 오늘날 약 40억 달러로 증가했다. 미국에서는 신선과일과 채소의 소비를 늘리기 위해 많은 논의가 진행되고 있지만 뚜렷한 변화는 찾아보기 어렵다.(Dong and Lin, 2009) 신선과일과 채소가 수입됨에 따라 해당 농산물의 계절적 가용성은 향상된 반면 전체 소비량은 별로 증가하지 않았다. 과거 블루베리와 딸기, 라즈베리, 기타 과일과 채소 등은 계절에 따라 이용이 제한되었지만 오늘날에는 수입 농산물 덕분에 연중 구입이 가능해졌다.

제9장
유기 농장과 유기농 식품

유기농 부문은 품목보다는 생산 방식과 표준에서 여타 농업과 차이를 보인다. 유기농업의 성장과 유기농 제품에 대한 수요 증가는 지난 25년간 식품 생산에서 이룬 주요 성과라 할 수 있다. 미국 농무부에 따르면, "유기농 식품은 미래 세대의 환경의 질을 향상시키기 위해 농업인들이 재생 가능 자원을 이용하고 토양과 수자원의 보존을 고려하여 생산한 것"이다. 유기농 식품은 "재래식 살충제를 사용하지 않고 생산된다." 이는 "합성 비료"를 이용하지 않으며, 유전자 변형 농산물을 취급하지 않는다. 유기농 육류와 가금류, 달걀 및 유제품 등은 성장호르몬이나 항생제를 투여하지 않는다. 미국 농무부에 따르면, 유기농업은 "자연계의 생태적 균형을 강화하는" 영농 자재와 농업 방식을 이용하여 "농업 시스템의 일부를 생태계 전체로" 통합하는 특징을 보인다. (USDA Agricultural Marketing Service, 2015a)

미국의 유기농업은 주로 기존 관행 농장(conventional farms)을 유기 농장(organic farms)으로 전환하는 방식으로 성장했다. 예컨대 미국 농무부의 유기농 인증 요건에 맞게 농장 운영 방식을 수정하는 식이다. 유기농 인증 라벨이 처음 사용된 것은 2002년으로, 당시 1만 1,998개 농장이 인증을 획득했다. 이는 2012년 1만 4,326개로 증가했고 2007년 농업총조사에서는 1만 8,211개를 기록하기도했다. 이처럼 유기농업이 확대되던 시기에 전체 농장 수는 감소한반면 농장당 유기농업의 생산 가치는 증가했다. (Greene, 2013) 미국에서 유기 농장의 비중은 아직 낮은 수준에 머물러있다(0.67퍼센트). 유기농 식품은 슈퍼마켓과 파머스 마켓 및 협동조합 등에서 널리 판매되고 있지만 관행농 식품 소비량에 비하면 매우 적은 양이다.

유기농 표준

1990년 이전만 해도 '유기농' 표준에 대한 공감대는 거의 없었다. 1990년에 유기농식품법(OFPA) 또는 농업법안 제219호가 의회에서 통과되었는데, 이는 농업 기구와 식품 도소매 업체, 환경 단체, 소비자 단체 등의 압력에 힘입은 것이었다. 상원 의원 패트릭 리히(Patrick Leahy)는 유기농업을 중시하는 버몬트주 유권자들의 견해를 대변했는데, 그가 작성한 유기농식품법안은 유기 농장과 유기농 식품에 대한 연방 규정의 기초가 되었다. 이로 인해 미국 농무부는 유기농업 및 마케팅에 대한 국가 표준을 수립하고 소비자들을 위해 유기농 제품이 해당 표준을 충족하도록 보장하며 나아가 유기농 제품의 거래를 촉진하는 임무를 맡게 되었다.^{(U.S.} Secretary of Agriculture, 2013)

2002년부터 유기농 라벨을 부착하여 상품을 판매하는 생산자들은 주 정부 기관이나 민간 단체로부터 미국 농무부 유기농 표준에 부합하는 제품임을 인증받아야 했다. 이를 충족한 경우 제품과 광고에 '유기농 인증(Certified Organic)' 라벨을 표기할 수 있다. 한편 유기농산물의 매출이 5,000달러 미만인 농장은 해당 요건이 면제되었는데, 이로써 이 제도는 유기농 인증과 인증 면제라는 두 가지 범주를 갖게 되었다. 인증 절차에 소요되는 비용은 농장 규모에 따라 750달러에서 수천 달러에 이르기까지 다양한데, 2008년부터는 일부 비용을 연방 정부에서 보상해 주고 있다. 미국 농무부로부터 유기농 인증을 받고자 하는 전 세계 농장과 식품 취급 업체 또는 판매 조직 등은 이러한 인증 제도를 활용할 수 있다. 인증 기관들은 세계적인 네트워크를 갖추고 미국 내 및 국가 간 유기농 제품의 운송을 겸하여 운영하고 있다.[Baier, 2012]

현재 미국에는 약 60여 개의 유기농 인증 프로그램이 운영되고 있다. 이 가운데 22개는 주 정부 또는 카운티 정부 관리하에 있고 약 40개는 민간 기업이 운영한다. 이와 같은 인증 기관들도 자신들이 규정을 준수하고 있음을 보증하기 위해 점검을 받고 있다. 농장에 인증을 부여하기 위한 검토 과정에서 인증 기관들은 다음과 같은 절차를 밟는다. 즉 농장을 방문하여 유기농업 운영 계획을 검토하고 이웃 주민들과 해당 농장에 관해 면담을 실시한다. 유기농 인증이란 특정 농산물에 적용되는 용어로서 반드시 농장 전체를 대상으로 하는 것은 아니다. 예컨대 유기농 밀을 생산하는 농업인은 관행 농법을 병행할 수도 있고 기타 다양한 농장 사업을 함께 운영할 수도 있다. 2012년 농업총조사에 따르면, 유기농산물을 판매한 농장의 절반 이상이 관행 농산물도 함께 생산한 것으로 나타났다.

한편 1990년에는 유기농식품법에 따라 국가유기농표준위원회(NOSB)도 설립되었다. 이 위원회는 환경 운동가와 농업인/생산자, 소비자, 소매 업체 등 15명으로 구성된다. 주로 유기농업 및 유기농 식품 유통에서 허용되거나 금지되는 물질 및 관행에 대해 국가 유기농 프로그램(NOP)에 조언을 한다. 국가유기농표준위원회는 농무부 장관이 임명하는데, 권고 사항만 제시하고 정책 수립은 하지 않는다.^(USDA, Agricultural Marketing Service, 2015d)

유기농 표준은 일반 대중에게 판매되는 유기농 식품에도 적용된다. '유기농' 라벨을 부착한 제품은 원료의 95퍼센트 이상이 유기농이어야 하고, '유기농 원료로 제조'라는 라벨을 부착한 제품은 원료의 70퍼센트 이상이 유기농이어야 한다. 그리고 유기농 성분이 70퍼센트 미만인 제품은 '유기농'이라는 표현을 진열대 어디에도 사용할 수 없다.^(USDA Agricultural Marketing Service, 2015b)

유기 농장

최근 연방 정부는 유기농 인증 농장의 수를 25퍼센트 증가시켜 유기농 부문을 활성화하고자 했다.^(Greene, 2014) 그렇지만 유기 농장의 수는 그다지 빠르게 증가하지 않았는데, 이는 인증 절차 자체의 비용 및 관리 부담에서 일부 원인을 찾을 수 있다. 이처럼 유기 농장의 수가 느린 성장을 보이고는 있지만 이 부문의 총매출은 2002년

3억 9,300만 달러에서 2012년 30억 달러로 성장했다. 2007년 이후만 해도 농장의 유기농 식품 매출액은 84퍼센트나 증가했다.

오늘날 미국 유기 농장의 절반은 연 매출 3만 5,000달러에도 미치지 못한다. 반면 전체 유기농 식품 매출의 3분의 2는 상위 8퍼센트의 농장에서 발생하고 있는데, 이는 오랜 기간 집중화 현상을 겪고 있는 관행농업과 유사한 수준이다. 이와 같은 사실에서 지난 수십 년간 유기농 부문이 관행농업과 거의 같은 길을 걸어왔음을 알 수 있다. 유기농이든 관행농이든 매출의 대부분이 대규모 운영 단위에서 발생하고 있는 것이다.

이러한 분석에서 유기농 인증을 받은 부분을 제외해도 격차는 여전하다. 2014년 미국 농무부는 로컬푸드를 판매하는 16만 3,675개 농가를 대상으로 설문 조사를 실시했는데, 여기에는 직거래 농장과 중간 유통 업체를 통해 출하하는 농장이 모두 포함되었다.(Low et al., 2015) 이 가운데 85퍼센트의 농장은 총수입 7만 5,000달러를 밑돌았고 로컬푸드 총매출에서 13퍼센트를 차지하는 데 그쳤다. 반면 현금 수입이 35만 달러를 넘는 대규모 로컬푸드 농가는 전체 농가의 5퍼센트에 불과했지만 생산량은 총매출의 67퍼센트에 달했다(1장 참조). 소규모 농장들은 수적으로 많고 광범위하게 분포하지만 생산량은 많지 않음을 알 수 있다.

유기 농장과 비유기 농장은 생산 규모 면에서 큰 차이를 보이지 않는다. 10에이커(약 4헥타르) 미만의 소규모 농장은 유기 농장의 17.5퍼센트와 비유기 농장의 10.6퍼센트를 차지한다. 한편 상위 3.9퍼센트의 유기 농장과 상위 3.9퍼센트의 비유기 농장은 재배 면적이 2,000에이커(약 810헥타르)를 넘는다.(Census of Agriculture, 2012)

일반적으로 유기 농장은 채소, 과일 또는 유제품 생산에 집중한다. 채소를 생산하는 유기 농장은 그 수가 미국 채소 농장의 약 7퍼센트에 달하고 유기 낙농장은 전문 낙농장의 약 5퍼센트에 해당한다. 이러한 비율은 지역별로 크게 다르다. 예컨대 버몬트주는 낙농장의 17퍼센트와 채소 농장의 25퍼센트가 유기농 인증을 받을 정도로 비율이 높다. 메인주와 뉴햄프셔주도 유기농 인증을 받은 채소 농장과 낙농장의 비율이 높은 편이다. 반면 캘리포니아주와 위스콘신주, 오리건주, 워싱턴주 등은 중간 수준을 보인다. 이 밖에 다른 지역들은 그 비율이 매우 낮다.

미국 전체적으로 보면 유기 농장은 일부 지역에 집중 분포하면서 클러스터를 형성하고 있다(그림 9.1). 동북부에서는 뉴잉글랜드 지역과 뉴욕주 및 펜실베이니아주 동부 등에 집중되어 있다. 두 번째 클러스터는 위스콘신주와 미네소타주 및 아이오와주 등의 미시시피강 연안 북부 지역에 분포한다. 그리고 유기 농장이 가장

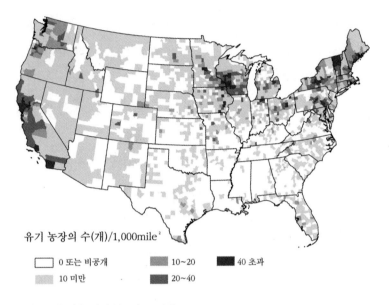

유기 농장의 수(개)/1,000mile²

   ☐ 0 또는 비공개   10~20   ■ 40 초과

   ☐ 10 미만   ■ 20~40

그림 9.1 유기 농장의 분포 (2012년)

자료: 미 농무부 농업총조사(Census of Agriculture, 2012) 자료를 이용하여 저자가 작성.

많이 집중된 지역은 캘리포니아주 남부에서 워싱턴주에 이르는 태평양 연안이다.

유기 농장은 로컬 시장을 대상으로 농산물을 생산하기 때문에 주로 인구밀도가 높은 지역에 군집하는 경향이 있다. 반면 도시 인구가 적은 지역에서는 발견되지 않는 것이 일반적이다. 유제품 생산을 주도하는 위스콘신주와 뉴욕주 및 뉴잉글랜드 지역은 다수의 낙농장이 유기농 인증을 받았다. 과일과 채소 생산을 주도하는 워싱턴주와 오리건주 및 캘리포니아주에서도 유기 농장의 수가 증가하고 있다.

한편 곡물 및 유지작물(油脂作物) 농장, 가축 방목장, 비육장, 가금류 사육장 등은 유기농 인증 농가가 흔치 않다. 이러한 품목이 가장 널리 분포하는 남부와 대평원은 유기농 생산자가 상대적으로 적은데, 이는 부분적으로 품목별 인증 특성과 관련된 것으로 이해할 수 있다. 일반적으로 유기 농산물은 관행농업 지역과 동일한 곳에서 생산되는 경향을 보인다. 예컨대 미국에서는 2011년에 13만 2,000에이커(전국 대두 생산 면적의 0.2퍼센트)에서 유기농 대두를 생산했다. 이 중 약 36퍼센트가 아이오와주와 미네소타주, 미시간주에서 재배되었는데, 이들 지역은 모두 관행 농법에 기반을 둔 주요 대두 생산지다.(USDA, Economic Research Service, 2013)

유기 농장의 집중화 현상을 설명하는 다른 요인으로는 종교 및 문화적 연관성이 있다. 메노파와 아미시파 주민들은 공동체의 미래를 파괴할 것으로 우려되는 기술을 회피하는 경향이 있다. 전기 사용을 제한하는 관습이 유기농업과 직접 관련되었다고 보기는 어렵다. 그러나 이들은 화학 비료와 살충제 및 제초제 등을 사용하지 않음으로 해서 유기농 인증 표준을 준수하는 결과를 얻었다. 오늘날 유기 농장이 집중 분포하는 일부 지역들은 아미시파 및 메노파의 정착지와 일치한다. 예컨대 펜실베이니아주 남동부와 오하이오주 북중부, 인디애나주 북동부, 위스콘신주 서부, 아이오와주 동부 등이 그렇다.

유기농 식품의 생산

유기농업을 생산의 관점에서 보면 농장 수를 기준으로 할 때와 다소 상이한 분포를 보인다. 유기 농장의 매출은 소수의 카운티를 중심으로 집중 분포하는 특징을 보인다(그림 9.2). 미국에서 서부 해안 지역은 유기농 매출의 60퍼센트를 차지하는 주요 지역인데, 특히 캘리포니아주 한 곳에서 44퍼센트의 매출이 발생했다.[Greene and Ebel, 2012] 미시시피강 연안 북부 지역에서는 뉴잉글랜드 지역 및 뉴욕주를 합산한 것과 동일한 수준으로(8퍼센트) 유기농 식품을 생산한다. 위의 세 개 클러스터를 제외한 나머지 지역에서는 유기농 식품의 약 4분의 1 정도가 생산되고 있다.

이처럼 일부 지역을 중심으로 유기농업이 집중된 것은 지역의 주요 품목과 관련지어 이해할 수 있다. 유기농 사과가 대표적인

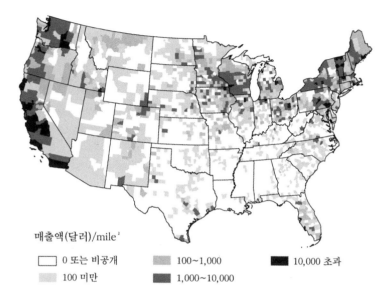

매출액(달러)/mile²

- ☐ 0 또는 비공개
- ░ 100 미만
- ▒ 100~1,000
- ▓ 1,000~10,000
- ■ 10,000 초과

그림 9.2 유기 농장의 매출액 (2012년)

자료: 미 농무부 농업총조사(Census of Agriculture, 2012) 자료를 이용하여 저자가 작성.

사례다. 미국에서 오랫동안 사과 생산을 주도한 곳은 워싱턴주인데, 유기농 사과의 경우에는 이 지역의 비중이 더욱 커서 청과용의 90퍼센트를 생산하고 있다. 워싱턴주의 사과 산지는 고온 건조한 관개농업 지역으로, 이러한 기후 조건은 수목 작물을 위협하는 해충과 질병의 접근을 막는 데 유리하다. 따라서 미시간주와 같이 습윤한 사과 산지에 비해 농약과 살충제를 사용하지 않고 농사를 짓기에 훨씬 유리하다.

유기농 감귤은 주로 캘리포니아주(62퍼센트)와 플로리다주(35퍼센트)에서 생산되는데, 이들 지역은 관행농 감귤의 주요 산지이기도 하다. 캘리포니아주는 유기농 감귤의 점유율이 플로리다주보다 훨씬 높다. 이는 캘리포니아주의 여름철 건조 기후가 갖는 이점에 기인한다. 이러한 기후는 해충 방제 방안이 별로 없는 유기 농가에게 방제 필요성을 줄여주기 때문이다. 캘리포니아주가 1위를 차지하는 품목은 또 있다. 이 지역은 유기농 채소의 60퍼센트와 유기농 과일 및 견과류의 60퍼센트, 유기농 포도의 87퍼센트를 생산하고 있다. 이와 같은 캘리포니아주의 탁월한 지위는 작물에만 국한되지 않는다. 캘리포니아주에서는 해마다 69억 달러의 유기농 우유를 생산하는데, 이는 위스콘신주보다 40퍼센트 정도 더 많은 수준이다. 또한 이 지역의 농장과 목장에서는 유기농 소고기를 전국에서 가장 많이 생산하고 있다(연간 13억 4,000만 달러). 미국에서는 2011년 유기 농법으로 생산한 8만 마리의 소가 도축용으로 판매되었는데, 이 가운데 약 4분의 1이 캘리포니아주에서 가공되었고 나머지는 다른 유기농 제품 생산 지역으로 유통되었다. 캘리포니아주는 오늘날 미국 최대의 농산물 생산 지역이자 최대의 유기농업 지역이라 할 수 있다.

유기농 식품, 로컬푸드, 공동체 지원 농업

앞에서 논의한 바에 따르면, 미국에서 소비되는 유기농 식품은 많은 경우 소비되기까지 상당한 거리를 이동하게 된다. 다만 소비 지역이 서부 해안 지역이나 다른 소규모 유기농업 지역인 경우는 제외된다. 유기농 인증 식품과 로컬에서 생산된 식품을 동일한 것으로 보기는 어렵다. 미국에서는 연방 유기농 표준에 부합하는 식품을 생산하기보다 자가 소비용으로 작물을 재배하거나 또는 로컬 농업인으로부터 구입하는 경우가 훨씬 보편화되어 있다.^(Toler et al., 2009)

이와 관련하여 일부 인증 프로그램이 미국 농무부 유기농 인증 마크의 대안으로 생겨나게 되었다. 뉴욕시 브루클린에 본부를 둔 CNG(Certified Natural Grown: 로컬푸드를 생산하는 농업인의 지속 가능한 농업을 지원하는 프로그램이다—옮긴이)가 대표적이다. 이 프로그램은 현재 700여 농장을 회원으로 보유하고 있는데, 이는 유기농 인증 농장의 약 5퍼센트에 불과한 수준이다. CNG는 소규모 농장을 대상으로 비영리로 운영되는 대안적 환경마크 프로그램으로, 미국 농무부의 유기 농법을 따르지만 농무부 프로그램과는 관련이 없다. CNG는 농무부의 유기농 인증과 달리 인증 과정에 크게 관여하지 않는다. CNG 농장에 대한 점검도 다른 CNG 농가만이 시행할 수 있다.(Certified Naturally Grown, 2015) 최근 연구에 따르면 소비자들은 '유기농 인증' 마크에 상당한 비용을 지불할 의사가 있는 반면, CNG 농장에 대해서는 그렇지 않은 것으로 나타났다.(Conolly and Kliber, 2014) 현재 CNG 농장은 조지아주에 가장 많으며(122개), 펜실베이니아주와 뉴욕주 및 버지니아주 등에도 각각 수십 개의 농장이 분포한다.

'유기농'이라는 용어는 미국 정부에서 승인한 공식 명칭이므로 Kremen et al., 2013 이를 불법적으로 사용할 경우 처벌받게 된다. 그렇지만 미국의 소비자들은 농약을 사용하지 않기로 한 소규모의 다양한 농식품 생산 단위를 '유기농'이라 칭하고 있다.(Dimitri, 2011) 선행 연구에 따르면 소비자들은 생산 조건이 동일한 경우 '로컬'에서 생산한 것을 선호하는 것으로 나타났는데, 여기에서 유기농이라는 용어의 대략적인 정의가 드러난다.(Darby et al., 2008) 미국 농무부 통계에 따르면 2012년 전체 농장의 7.8퍼센트에 해당하는 16만 3,675개 농장이 로컬에서 식품을 판매했는데, 이들 가운데 일부는 유기농 인증을 받지 않았음에도 '유기농'으로 인식되고 있다. 그러나 농장주들은 미국 농무부 표준에 부합하지 않는 경우 유기농이라는 표현을 사용하지 않도록 주의를 기울이고 있다.

유기농 인증과 다소 유사한 방식으로 성장한 제도로 공동체 지원 농업(CSA · community‐supported agriculture)이 있다. 이는 소비자들이 농사철 초기에 회비를 선납하고 추후에 농장에서 생산한 농산물을 받는 방식으로 운영된다. 이러한 계약하에서 농업인과 소비자는 악천후나 흉작의 위험을 공유하고 소비자는 계절에 따라 농산물 상자를 정기적으로 수령한다. CSA는 농약 관련 정책을 비롯한 자신들의 농업 방식을 홍보하고 구매자들은 이를 통해 자신들이 받고 있는 농산물 관련 정보를 알 수 있다.

CSA에서는 농산물 선택이 제한되는데, 마치 주택의 정원처럼 작물이 재배되는 계절에 따라 농산물이 정해진다. 회비는 계절의 길이에 따라 50달러에서 750달러 정도로 책정되고 있다. 일부 CSA에서는 회비를 할인해 주는 대신 농장에서 일할 수 있게 허용하기도 한다. 참여자들은 CSA가 특정 시점에 제공하는 식품을 원하지 않을 경우 거부할 수 있는데, 환불을 받지는 못한다.

CSA는 유럽에서 개념이 도입되었고 1980년대 뉴잉글랜드 지역에서 처음 시작되었다.[McFadden, 2004] CSA의 비공식적 연혁에 따르면, 이는 1920년대 오스트리아의 철학자 루돌프 슈타이너(Rudolf Steiner, 1861~1925)의 일련의 강의에서 시작되었다. 그는 '바이오

다이내믹 농업(biodynamic agriculture)'이라는 접근법을 제시했는데, 이는 농업인들에게 "우주 및 지상의 힘을 통해 지구상의 유기체에게 어떻게 영향을 미칠 수 있는지"를 교육하기 위한 것이었다.(Chalker-Scott, n.d) 슈타이너 사상의 정신적 차원에 대해서는 비판이 있었지만 생산자와 소비자 간 협력 관계에 대한 그의 개념은 CSA의 조직 원리가 되었다. 이는 생산자와 소비자가 상호 이익에 의해 연계된 로컬 수준의 공동체다. 1986년 뉴잉글랜드 지역에서 시작된 최초의 CSA 농장 두 곳은 지금도 운영되고 있다. 2015년 농무부 마케팅지원청(AMS)에는 661개 CSA가 등록되어 있는데, 주요 CSA 지역으로는 뉴욕주(50개)와 위스콘신주(41개), 미시간주(34개) 등이 있다.(USDA, Agricultural Marketing Service, 2015c)

유기농 식품의 가격과 비용

유기농 제품은 흔히 시장 가격이 높은데 이는 수요와 공급 측면에서 설명할 수 있다. 먼저 유기농 식품은 공급이 부족하여 가격이 상승한다는 설명이다. 하지만 곧이어 많은 생산자들이 시장에 진입하면 가격 하락을 유발하는 추가 공급이 이루어지기 때문에 그러한 상황은 오래 지속되지 못할 것이다. 또 하나의 설명은 유기농 제품의 생산 비용이 높아 소비자 가격이 높게 형성된다는 주장이다. 그러나 소비자들이 유기농 제품의 가치를 인정해 주지 않는다면 관행농 제품보다 높은 가격을 요구하기는 어려울 것이다.

유기농 제품이 관행농 제품보다 높은 평가를 받는 이유는 다음 세 가지로 정리할 수 있다.[Greene et al., 2009]

하나는 유기농 식품의 보건 및 안전과 관련한 이점이다.[Duram, 2005; Hansen, 2010] 일반적으로 제초제와 살충제 및 살균제를 사용한 작물은 건강에 해로울 것으로 생각된다. 그와 같은 식품을 이용하지 않는다면 사람들의 건강과 복지에 도움이 될 것이다. 이에 따라 식품에서 '자연적'이지 않은 것들이 금지되길 기대하는데, 이는 때로는 싼값에 이용할 수 있는 것이 아니어서 고가의 성분이 대체되어야 함을 의미하는 것이기도 하다.

두 번째 주장은 형평성에 관한 것이다.[Toler et al., 2009] 일반적으로 소규모 가족 농장은 대규모 농장이 누리는 규모 경제를 누릴 수 없기 때문에 대형 농장과 경쟁하는 데 어려움을 겪는다. 이와 같은 상황이 소농에게 불공평하다고 주장하는 사람들은 소규모의 로컬 농장에서 생산한 농산물에 더 많은 돈을 지불하는 것이 정당하다고 믿는다. 이러한 농장들이 반드시 유기농 인증 표준을 따르는 것은 아니지만, 그들은 일반적으로 낮은 수준의 기술을 채택하고 흔히 자본 대신 가족 노동력을 이용하며 농장 외부로부터 적은 양의 투입물을 구입하는 등 유기 농장과 거의 동일한 접근 방식을 취한다. 이상과 같은 관점은 '공정무역' 마케팅의 일반적 개념과 일치하는데, 공정무역에서는 제품에 높은 가격을 책정하고 생산지에 보다 많은 수익이 돌아가도록 계약을 체결한다.

유기농 제품의 가격이 높은 세 번째 근거는 유기 농장이 수행하는 '생태계에 대한 공헌'이다. 이는 식품 가격에 추가되는 생산자의 비용 부담을 의미하기 때문에 유기농 식품의 구입 비용은 더욱 높아진다. 반면 관행농업은 생태계에서 자신의 위치에 대한 관심이 훨씬 적어 보이는데, 이러한 농업은 생태계에 대한 생산자의 기여도가 낮기 때문에 농산물을 낮은 가격으로 공급할 수 있다.(Greene et al., 2009)

관행 농장에서도 최소 경운법과 환경 보존을 위한 완충지 채택, 피복 작물 파종, 등고선 경작, 회전 방목, 동물에 대한 인도적 대우 등이 광범위하게 활용되고 있지만 이러한 여러 가지 방식은 유기농 인증 제도를 통해 연방법에서 요구하는 사항이다. 환경에 유익한 농장 관리 전략이 반드시 더 많은 비용을 수반하는 것은 아니며 많은 경우 비용 절감을 위한 대안이 될 수 있다. 미국에서는 유기농 인증을 받았는지 여부와 무관하게 환경 보존 전략을 채택한 농장을 우대하고 지원하는 정책을 시행하고 있다.^(Duram and Oberholtzer, 2010)

시장에서 유기농 식품의 높은 판매 가격은 농장에서 시작되어 다양한 제품을 거래하는 도매 및 소매점을 통해 유지된다. 2005년 조사에 따르면, 유기 낙농장은 기존 낙농장에 비해 운영 및 자본 비용이 우유 100파운드(약 45킬로그램)당 5.65~6.37달러 정도 높은 것으로 나타났다. 그런데 유기농 우유의 가격 상승분은 평균 6.69달러로 비용 상승분을 완전히 충당한 것을 알 수 있다.^(McBride and Greene, 2009)

낙농장의 유기농 인증을 위해서는 목초지 확보 요건을 충족해야 한다. 목초지는 재배한 사료와 기타 고가의 사료 투입물을 대체하는데, 이 과정에는 많은 노동력이 소요되고 사료 대부분을 목초지에서 해결할 경우에는 토지 면적에 따라 생산 규모도 제한된다. 유기 낙농가는 관행 낙농가에 비해 평균 규모가 작은 것이 일반적이고 방목이 가능한 기간에는 목초지에 의존하고 있다. 한편 무급 가족노동 비용을 고려하면 목초지에 의존하는 것은 경제적으로 순손실을 가져올 수 있다.

일반적으로 유기 낙농장은 관행 낙농장보다 젖소 1마리당 우유 산출량이 약 30퍼센트 정도 적다. 또한 농장의 규모가 작기 때문에 단위생산량당 운영 비용과 자본 비용은 더 많이 소요된다. 유

기 낙농장의 생산 규모가 커지면 산출량이 늘어나면서 생산 비용
이 낮아지고 생산 방식은 관행 낙농장과 유사해지는 경향을 보이
게 된다. 유기 낙농업은 사람들의 관심 속에 꾸준히 성장하고 있
다. 유기농 우유는 2012년 미국 우유 매출의 4.38퍼센트를 차지했
는데, 이는 2006년의 두 배에 달하는 수준이다.

유기농으로 생산되는 작물 가운데 생산 규모가 큰 것으로 사과
가 있다. 미국 농무부가 2007년 조사한 바에 따르면, 유기농 사과
생산자의 45퍼센트는 농가 소득 증대를 목적으로 유기농업을 하
는 것으로 나타났다.^(Slattery et al., 2011) 유기농 사과는 관행농 사과보다
60~100퍼센트 정도 더 높은 가격으로 출하되고 있다. 2012년 도
매 시장에서 유기 농법으로 생산한 갈라(Gala)라는 품종은 관행
농법으로 생산한 것보다 약 54퍼센트 정도 높은 가격을 받았다.
현재 유기농 사과는 미국 사과 생산량의 4.9퍼센트를 차지하는데
그 비율은 점차 증가하고 있다.

신선채소는 가격 프리미엄이 이보다 훨씬 더 크다. 샌프란시스
코와 애틀랜타의 2012년도 도매 시장 가격을 보면(미국 농무부 마
케팅지원청 자료), 유기 농법으로 생산한 감자와 시금치, 양파, 로
메인상추, 콜리플라워, 당근 등은 가격 프리미엄이 평균 200퍼센
트를 상회하여 관행농 가격의 두 배를 넘어섰다.^{(USDA Agricultural Marketing}

^{Service, 2015e)} 딸기, 바나나, 네이블오렌지, 바틀릿배 등을 비롯한 과일 도매 가격 프리미엄도 149~235퍼센트에 이른다. 이들 중 일부는 미국 농무부의 유기농 인증을 획득한 해외 생산자들이 연중 공급 하고 있다. 예컨대 멕시코산 유기농 아보카도는 해외 업체가 공급 하는 주요 품목이다.

곡물과 유지작물도 농업인들이 생산의 일부를 유기농으로 전환 할 정도로 가격 인센티브가 크다. 미국에서는 소량의 대두가 유기 농으로 생산되는데, 유기농 대두는 두 가지 특징으로 인해 가격이 높게 책정되고 있다. 먼저 사람이 직접 소비하기에 적합한 식품용 작물에는 높은 가격이 매겨진다. 된장, 두부, 낫토, 두유 등을 생산 하기 위해서는 식품용 대두를 사용해야 한다. 식품용 대두는 대부 분 GMO에 해당하지 않는데, 이는 식품용 대두가 관행농 대두와 는 별도로 재배되고 가공·저장·출하되어야 함을 의미한다.

이와 같은 GMO 관련 문제로 인해 IP(Identity Preserved, 분별 유 통) 마크가 사용되기 시작했는데, 이 마크는 해당 제품이 GMO와 접촉하지 않았음을 보증한다는 의미다. 대두를 비롯한 곡물의 경 우, IP 마크는 해당 제품이 유기농 인증 조건에서 생산된 후 컨테 이너에 밀봉하여 최종 목적지까지 운송되었음을 의미한다. 2011 년 미국산 대두의 7퍼센트가 컨테이너로 운송되었는데, 이 가운데 일부는 중국과 타이완, 인도네시아, 일본 등으로 수출한 식품용 대두다.[McBride et al., 2012] IP 마크를 받은 수출용 대두는 농지에서 컨테이너에 직접 적재할 수 있다. 컨테이너는 트럭을 이용하여 철도역이나 항구의 곡물 터미널로 운송되고 이후 선박에 실어 목적지까지 운반한다.

유기농 대두는 관행농 대두보다 단위면적당 수확량이 적고 생산 비용은 높다. 2006년 미국 농무부 연구에 따르면 유기농 대두의 총비용은 관행농에 비해 부셸(27.2킬로그램)당 6.20달러 더 높았는데, 같은 해 유기농 대두의 가격 프리미엄은 부셸당 9.16달러에 달했다.[McBride and Greene, 2013] 유기농 대두는 이와 같은 유기농 프리미엄에 더하여 식품용 대두에 붙는 프리미엄까지 추가된다. 미국 농무부의 유기농 인증을 받으려면 유기 농산물을 판매하기 수년 전부터 자신의 경지가 관행 농법의 영향을 받지 않도록 해야 하므로 유기농 대두 생산자들은 연도별 가격 변동에서 오는 이점을 취하기 어렵다.

미국에서 유기농 밀은 2008년 밀 재배 면적의 0.68퍼센트를 차지했는데, 이는 대두만큼이나 적은 양이다. 그러나 대두가 미국 GMO의 약 95퍼센트를 차지하는 것과 달리 GMO 밀은 전혀 생산되지 않고 있다. 따라서 관행농 밀에 대한 대안으로서 유기농 밀이 비GMO로서 갖는 이점은 존재하지 않는다. 이로 인해 유기 농 밀 생산자들은 주로 가격 인센티브를 보고 재배하고 있다. 유기 농법으로 밀을 재배하면 잡초를 통제하기 어려워 수확량이 감소하는데, 대신 제초제 비용이 절감되어 생산비가 낮아지는 효과가 있다. 유기농 밀의 경우 운영 비용 및 자본 비용이 부셸당 2~4달러 정도 높아지지만 가격 프리미엄은 3.79달러 정도여서(2009년) 농가별 비용에 따라 수익이 발생하는 것으로 나타났다.[McBride et al., 2012] 몬태나주와 유타주 및 콜로라도주 등은 미국 유기농 밀 재배 면적의 약 40퍼센트를 차지한다. 밀 생산에서도 IP(분별 유통) 마크가 적극 도입되면서 컨테이너 운송이 빈번하게 이루어지고 있는데, 이는 운송 비용이 상승하는 요인이 된다.

유기농업의 동향

미국에서 유기농업은 성장하고 있지만 국가가 설정한 정책 목표를 달성하지는 못하고 있다. 미국 농무부의 최근 보고서에 따르면, "유기농업은 미국 농업의 환경 관련 문제를 개선할 잠재력을 갖고 있음에도 불구하고 채택률은 매우 낮은 상황이다. 따라서 관행 농법이 야기한 환경적 외부효과에 대해 국가 표준이 미치는 영향은 미미한 수준이다." 다시 말하면 유기 농장이 많아질수록 생태계에 더 큰 공헌을 하게 될 것이다.(Greene, 2014)

도시농업이란 상당량의 농산물이 도시에서 생산될 수 있다는 개념인데, 대중 매체에서 이를 다루고 있지만 아직 검증되지 않은 상황이다. 도시 및 도시 주변부의 농업 환경에서는 작물 수확량이 매우 가변적인데, 이는 비전통적 맥락에서 이루어지는 농업이 위험할 수 있음을 의미한다.(Wagstaff and Wortman, 2015) 이러한 위험성은 도시농업 지지자들의 다음과 같은 주장을 고려할 때 더욱 커질 수 있다. 즉 도시농업이 도시 내부 저소득층에게 더 나은 식품을 공급할 잠재력이 있다는 것이다.

영리를 추구하는 여타 사업과 마찬가지로 유기농업도 결국 시장의 힘에 의해 추진되고 또한 제한된다.(Dimitri and Oberholtzer, 2009) 미국의 관행 농산물 가격을 감안할 때 고가의 유기 농산물은 일부 고객을 대상으로 판촉이 진행될 것이다. 그러나 이는 양자 간 가격 차이로 인해 소비자들의 저항에 부딪칠 것으로 보인다.

제10장
농지 유보 정책

　토지를 집약적으로 이용하는 도시 지역과 달리 넓게 트여있는 농업 지역은 식량과 섬유 및 연료 공급지라는 주된 용도 외에도 다양한 기여를 하고 있다. 예컨대 농지 1에이커(0.4헥타르)에서는 200부셸(약 5톤)의 옥수수가 생산되고 동시에 옥수수 밭은 야생 동물의 서식지로 이용되고 있다. 흰꼬리사슴과 꿩 등의 야생 동물은 특히 겨울철 추운 날씨에 옥수숫대 더미를 피난처로 삼는다.[Laingen, 2011] 땅 위에 남아있는 농작물은 토양 침식을 줄이는 데 도움이 되고 부식이 진행되면 토양의 유기물 함량도 높아진다. 이와 같은 기능은 흔히 '생태계에 대한 공헌'으로 분류되는바, 이는 미국 농업 경관을 구성하는 중요한 부분이라 할 수 있다.^(Reganold et al., 2011)

생태계에 대한 공헌 자체가 농지의 주된 용도가 되기도 한다. 지난 세기에 일부 토지는 정부의 경지 은퇴 프로그램에 의해 휴경에 들어갔는데, 이는 해당 지역이 작물 생산의 한계로 공표된 이후에 진행되었다. 농업인은 경지의 한계성(marginality)을 기준으로 해당 토지에서 생산을 일시적으로 중단할 것인지 아니면 영구적으로 중단할 것인지를 결정하게 된다. 정부 프로그램에는 휴경 기간이 1년 단위인 것도 있고 10년 이상인 것도 있다.

이러한 프로그램 중 상당수는 토양 및 수질 보존을 위해 도입되었기 때문에 대부분 10년 정도 생산을 중단시키고 있다. 토지 소유주는 10년 계약이 끝나면 생산을 계속 중단할 것인지 아니면 재개할 것인지 선택할 수 있다. 이들은 경작과 휴경 간 수익성 차이와 농산물 시장 상황 등을 고려하여 선택한다. 비평가들은 농지 보존 프로그램의 유효성을 주장하면서도 이러한 지원책이 실제로 대량 생산 방식의 농업과 공존할 수 있는지 그리고 미국의 농업 경관에서 과잉 생산과 환경 악화를 효과적으로 제어할 수 있는지에 의문을 제기한다.^(Leathers and Harrington, 2000; Gersmehl and Brown, 2004)

1930~40년대 과잉 생산과 농업법

미국 의회는 1933년부터 농업법(Farm Bills)으로 일컬어지는 다양한 지출 승인법을 통해 납세자들의 세금이 농업 프로그램을 지원하는 데 어떻게 사용될 것인지를 결정했다. 최초의 농업법은 루스벨트 대통령의 제1차 뉴딜정책의 일환으로 1933년에 제정한 농업조정법(AAA)이다. 당시에는 미국인 4명 중 1명이 농장에 거주했는데, 대공황이 악화하면서 농장 소득이 50퍼센트 이상 감소했다.[Cain and Lovejoy, 2004] 가격 지원 정책이 실시되자 농업인들은 식량 공급을 통제하기 위해 자발적으로 생산을 중단했다. 이는 결과적으로 농산물의 가격 상승을 가져왔다. 그런데 1936년 미국 대법원은 이러한 농업조정법을 위헌으로 판결했다. 이 법으로 인해 소비자들이 농업인만을 지원하는 세금을 내야 했다는 것이다. 미국 의회는 작물 생산에서 토지로 초점을 전환하고 1936년 토양보존법을 통과시킨 후 토양보존지원청(SCS)을 창설했다. 이 기구는 1930년대 더스트볼 시기에 설립된 것으로, 결국 토양 보존 프로그램을 시행하는 농업인들에게 기금을 지급했다.

미국에서는 1936년 토양보존 및 토지분배법에 따라 농업 보존 프로그램(ACP)이 출범했다. 이 정책을 통해 정부는 농업인들에게 자금을 지원했다. 과도한 토양 침식을 유발하는 옥수수와 면화,

밀 등의 작물을 토양 보전에 도움이 되는 초본 식물과 콩과 식물로 대체하는 농가가 대상이다. 이번에도 잉여 농산물을 줄이고 가격을 인상하는 것이 주된 목적이었다. 농업인들은 토양 보존 프로그램에 한계 농지를 등록하고 지원금을 받아 자신들의 농지 가운데 가장 우수한 곳에 많은 비료와 성능이 우수한 기계를 투입하는 데 지출했다. 결과적으로 농장의 잉여 농산물이 증가하게 되었다.

1950~60년대 휴경 보조금 제도

제2차 세계대전 기간 및 그 직후만 해도 보존 프로그램으로 인해 농산물의 출하 가격과 식량 수요가 모두 증가하는 등 상황이 완전히 달라졌다. 그런데 전쟁이 종료되자 수요는 감소했고 잉여 농산물은 다시금 증가했다. 1940년대 후반과 1950년대 초반에 제정한 농업법들은 이러한 상황에 별로 도움이 되지 않았다. 이후 1956년의 농업법에 따라 휴경 보조금 제도(Soil Bank)가 시행되었는데, 3~10년에 걸친 정부 지원으로 2,900만 에이커의 경지가 자연 자원으로 전환되었다. 결과적으로 해당 면적만큼의 경지가 휴경 상태로 바뀌게 된 것이다.

휴경 보조금 제도는 경작 유보 프로그램(ARP)과 보존 유보 프로그램(CRP)으로 구성되었다. ARP는 목화, 밀, 옥수수, 담배, 쌀, 땅콩과 같이 과잉 생산되는 작물의 파종을 막는 프로그램이다. CRP는 토양과 수질, 삼림 및 야생 생물 등의 질적 향상을 위해 농업인들에게 보조금을 지급하고 경지에서 생산을 중단하게 하는 제도로서 농업인들과 3년, 5년 또는 10년 단위로 계약을 체결하고 진행되었다.^(Helms, 1985) ARP는 1956~58년에는 제대로 기능했지만, 1930년대 농업 보존 프로그램(ACP)이 부분적으로 실패한 것과 같은 이유로 종료되었다. 잉여 농산물이 계속 증가하자 비평가들은 "이 제도는 농업 생산을 줄이고 농가 수입을 늘리는 비경제적 수단이라고 주장했다."^(Helms, 1985, 1)

ARP는 CRP에 비해 보조금을 더 많이 지급했는데, 이로 인해 CRP 휴경 프로그램은 관심을 받지 못했다. 1958년 이후 자금 조달이 증가하자 CRP의 장기 휴경 프로그램이 인기를 끌게 되었고 1960년에는 약 2,900만 에이커가 프로그램에 등록되었다. 1960년 이후에는 CRP에 농지를 등록한 농업인에게 약정한 금액이 지급되었지만 신규 등록은 발생하지 않았다.

1970년대 농산물 수출과 경지 확대

잉여 농산물 문제는 옥수수, 밀, 보리, 수수 등에서 유례 없는 재고가 쌓이면서 1960년대까지 지속되었다. 곡물 가격은 1940년대 초반 이래 최저 수준으로 하락했다. 일부 농업인들은 휴경의 대가로 받은 보조금을 비료와 배수로 개선에 사용했는데, 이로 인해 남아있는 경지에서는 수확량이 증가하게 되었다.

세계적인 곡물 부족과 미국 달러화 가치의 하락으로 미국산 농산물에 대한 해외 수요가 증가하기 시작했다. 미국의 농산물 수출은 1972~73년 사이에 두 배로 증가했는데, 이에 따라 생산을 제한하도록 설계한 보존 프로그램은 더 이상 지속될 수 없었다.^(Bowers et al., 1984) 농업인들은 계약이 만료되자 곧바로 초지를 갈아엎고 경작을 재개했다.

1970년대 농업법에서는 보존 프로그램 관련 개정이 물새 번식지 보호와 가축 폐기물로 인한 수질 오염 문제 등 극히 일부로 제한되었다. 지난 40년간 휴경 제도로 이룩한 많은 것들이 사라져버린 것이다. 농업인들은 소유든 임차든 가리지 않고 가능한 한 넓은 농지에 작물을 파종했다.

1985~2007년 보존 유보 프로그램

1980년대 농업법은 보존에 중점을 두었다. 1985년 농업법으로 일컬어지는 식량안보법(FSA)에는 두 가지 제도가 포함되는데, 하나는 침식 위험이 높은 토지를 보호하는 프로그램(Sodbuster)이고 다른 하나는 습지를 경지로 전환하는 것을 금지하는 프로그램(Swampbuster)이다. 현행 보존 유보 프로그램(CRP)은 1985년 농업법에서 수립된 것이다. 이는 토지 소유주가 자발적으로 참여하는 제도로서, 10~15년의 계약 기간에 토지 생산성과 평균 임대료에 따라 단위면적당 보조금을 지급하는 제도다. 이 프로그램에서는 환경적으로 취약한 토지를 보호하기 위해 토지 피복을 정착시키는 데 소요되는 비용을 최대 50퍼센트까지 지급하고 있다.

1985년 CRP는 후속 농업법에서 수차례 개정되면서 프로그램 운영 방식이 변화했다.(National Agriculture Law Center, 2015) CRP의 초기 목표는 미국의 전체 경지 면적 4억 4,500만 에이커 가운데 4,000만~4,500만 에이커의 경지를 퇴출시키는 것이었다. 1990년 농업법에서는 환경에 대한 위협 요인을 보다 포괄적으로 적용하기 위해 "환경적으로 취약한" 농지의 정의를 확대했다. 결과적으로 등록 대상 면적이 증가했다. 1999년 농업법에서는 침식에 취약한 토지는 물론 수질을 위협하는 한계 목초지와 경지도 등록할 수 있었다.

1986~94년에는 3,500만 에이커가 CRP에 등록되었는데, 주로 미국 대평원과 아이오와주 남부, 옥수수 지대의 서쪽 주변부, 미주리주 북부, 아이다호주 남부, 워싱턴주 동부 등이다.[Auch et al., 2013] CRP 등록이 최고 수준에 이른 것은 1987~90년으로, 3,500만 에이커(1994년 기준) 가운데 3,060만 에이커가 이 시기에 참여했다.[USDA FSA, 2015] 농장 소득에서 보조금의 비중이 과도하게 높아지는 것을 막기 위해 미국의 모든 카운티에서는 총경지의 25퍼센트를 등록 상한선으로 설정했다. 보조금의 비중이 너무 높아지면 농업과 농업인을 대상으로 하는 사업에 손실이 발생할 수 있기 때문이다. CRP는 1996년 농업법에서 재승인되었다. 등록 한도는 3,640만 에이커로 줄었지만 야생 동식물에 도움이 되는 휴경을 포함시키는 등 자격 기준이 완화되었다(그림 10.1).

이 법에서는 연속계약(continuous sign-up: 계약 종료일을 확정하지 않고 한쪽 계약자가 종료할 때까지 갱신되는 방식—옮긴이)도 가능하도록 항목을 추가했다. 1996년 이전에는 가입 경쟁이 치열했다. 토지 소유주들이 미국 농업진흥청(FSA) 지역 사무소에 서류를 제출하면 자격 기준에 따라 선정되었다. 연속계약은 경쟁이 치열하지 않아 연중 가능했다. 1996년 이전에는 개별 농지 전체를 휴경 대상으로 했지만 연속계약의 경우에는 일정 구획 가운데 하

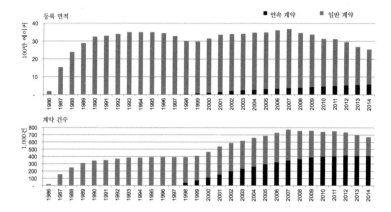

그림 10.1 보존 유보 프로그램(CRP) 등록 면적과 계약 추이 (1986~2014년)

자료: 미 농무부 농업진흥청(Farm Service Agency) 자료를 이용하여 저자가 작성.

천변과 같이 환경적으로 취약한 부분만을 생산에서 제외시킬 수 있었다. 이로써 농업인들은 해당 농지의 나머지 부분에서 생산을 지속할 수 있게 되었다. 이처럼 취약 부분만을 계약하는 경우, 토지 소유주는 단위면적당 더 많은 보조금을 지급받았다. 등록 한도는 2002년 3,920만 에이커로 증가했고, 습지를 복원하기 위한 FWP(Farmable Wetlands Program)와 같은 연속계약 프로그램도 도입되었다.

등록 면적은 1999~2007년 기간에 반등하여 사상 최고 수준인

3,674만 에이커를 기록했다. 이 기간에 핵심 지역에서는 CRP 등록이 증가한 반면 여타 지역에서는 관심이 낮아지기 시작했다. CRP 형성기에 참여했던 일부 농업인들은 이 프로그램의 부정적 측면을 체감하고 탈퇴를 선택했다. 농산물의 가격 상승으로 인해 다시금 생산으로 돌아서게 된 것이다.(Laingen, 2013)

2007년 이후 보존 유보 프로그램

CRP는 2008년 연방 예산이 감소함에 따라 등록 상한이 3,200만 에이커로 축소되었다. 2007년부터 2014년까지 1,100만 에이커가 프로그램에서 제외되었고 일반 계약 건수는 40퍼센트 감소했다. 이 프로그램은 2007년에 전환점을 맞았다. 1980년대 후반부터 CRP 등록이 많았던 카운티에서는 1990년대 후반에 다시금 10년 단위의 계약 시점을 맞았고 2007년은 해당 프로그램에서 손을 뗄 수 있는 두 번째 기회였다. 에너지정책법(Energy Policy Act)과 에너지자립안보법(EISA)이 2005년과 2007년에 각각 통과되었는데, 이로 인해 2022년까지 260억 갤런의 재생연료 생산이 의무화 되었다. 옥수수와 대두 가격이 상승하자 농업인들은 CRP와 같은 프로그램에 등록하고 휴경을 하기보다 농지를 경작하는 것으로 더 큰 수익을 올릴 수 있었다.

　사우스다코타주에서는 2007년 이후 CRP 면적이 약 160만 에이커에서 약 90만 에이커로 급감하기도 했다. 1990년대 초에 CRP에 참여한 사우스다코타주 토지 소유주들은 에이커당 약 40달러의 CRP 임대료를 받았는데, 당시 일반적인 경지 임대료는 평균 32달러 수준이었다.[Janssen et al., 2015] 1991년 이후에는 에이커당 CRP 지급액이 연간 0.92달러 상승한 반면, 경지 임대료는 연간 4.37달러 상승하게 된다. 2014년에는 주 전체적으로 CRP 지급액이 에이커당 72달러가 되었고 경지 임대료는 에이커당 150달러에 달했다. 1991년부터 2014년에 이르는 23년간 경지를 소유한 농업인이 있다고 가정해 보자. 그가 자신의 경지를 CRP에 등록할 수도 있고 임대할 수도 있다고 할 때 자신의 농지를 CRP에 그대로 두었다면 이는 수익을 보는 쪽에서 손실을 보는 쪽으로 상황이 바뀌었음을 의미하는 것이다.

　2007년 이후 CRP 감소 추세는 전국적인 현상이었는데, 특히 남·북 다코타주 동부 지역과 캔자스주 및 콜로라도주 일대의 하이플레인스 지역은 CRP가 두드러지게 감소했다(그림 10.2). 이처럼 CRP 면적이 감소했지만 연속계약은 증가했다. 전체적으로 등록 면적은 감소한 반면, 대상을 명확히 하는 접근 방식으로 인해

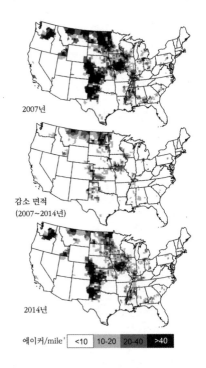

2007년

감소 면적
(2007~2014년)

2014년

에이커/mile¹ <10 10-20 20-40 >40

그림 10.2 보존 유보 프로그램(CRP) 등록 면적 변화 (2007년, 2014년)

자료: 미 농무부 농업진흥청(Farm Service Agency) 자료를 이용하여 저자가 작성.

토지 소유주들의 천연자원 보호 역량은 향상되었던 것이다.

2014년 농업법이 제정되자 CRP 등록 한도는 2017년까지 2,400만 에이커로 더욱 감소했다. 또한 연속계약에서는 수변 완충녹지와 여과대(filter strips), 초지로 덮인 수로, 습지 복원 대상지 등을 가장 우선시했다. 이와 같은 방식은 대규모 농지 전체를 등록하고 경작을 중단하는 것에 비해 단위면적당 높은 수익을 가져다주었다.[USDA ERS, 2015] 이러한 제도적 유연성으로 인해 농업인들은 생산과 보존이라는 두 가지 측면에서 자신들의 농장 경영에 적절하게 대응할 수 있게 되었다.

참 고
문 헌

제1장 농장과 식품

Beale, C. L., J. C. Hudson, and V. J. Banks. 1964. *Characteristics of the U.S. Population by Farm and Nonfarm Origin*. Agricultural Economic Report No. 66. U.S. Dept. of Agriculture, Economic Research Service.

Burnett, P., T. H. Kuethe, and C. Price. 2011. Consumer Preference for Locally Grown Produce: An Analysis of Willingness-to-pay and Geographic Scale," *Journal of Agriculture, Food Systems and Community Development* 2(1): 269–278.

Dimitri, C., A. Effland, and N. Conklin. 2005. *The 20th Century Transformation of U.S. Agriculture and Farm Policy*. U.S. Dept. of Agriculture, Economic Research Service, Economic Information Bulletin, No. 3.

Ekenem, E., M. Mafuyai, and A. Clardy. 2016. Economic Importance of Local Food Markets: Evidence from the Literature. *Journal of Food Distribution Research* 47(1): 57–63.

Food Marketing Institute. 2015. *U.S. Grocery Shopper Trends*, Food Marketing Institute: Arlington, VA. [www.fmi.org/research-resources/grocerytrends 2014].

Low, S., A. Adalja, E. Beaulieu, N. Key, S. Martinez, A. Melton, A. Perez, K. Ralston, H. Steward, S. Suttles, S. Vogel, and B. R. Jablonski. 2015. *Trends in U.S. Local and Regional Food Systems: A Report to Congress*. USDA, Economic Research Service. Administrative Report AP068. [http://www.ers.usda.gov/publications/ap-administrative-publication/ap-068.aspx].

MacDonald, J., J. Perry, M. Ahearn, D. Banker, W. Chambers, C. Dimitri, N. Key, K. Nelson, and L. Southard. 2004. *Contracts, Markets, and Prices: Organizing the Production and Use of Agricultural Commodities*. Agricultural Economic Report No. 837. U.S. Department of Agriculture, Economic Research Service.

MacDonald, J. M. 2015. "Trends in Agricultural Contracts" *Choices*, Quarter 3. [http://choicesmagazine.org/choices-magazine/theme-articles/current-issues-in-agricultural-contracts/trends-in-agricultural-contracts].

Martinez, S., M. Hand, M. Da Pra, S. Pollack, K. Ralston, T. Smith, S. Vogel, S. Clark, L. Lohr, S. Low, and C. Newman. 2016. *Local Food Systems; Concepts, Impacts, and Issues*. U.S. Department of Agriculture, Economic Research Service. Economic Research Report 97.

National Agricultural Statistics Service (NASS). 2012. *Farmers Marketing*. [http://www.agcensus.usda.gov/Publications/2012/Online_Resources/Highlights/Farmers_Marketing/Highlights_Farmers_Marketing.pdf].

USDA, Economic Research Service. 2016a. *U.S. Food Imports, Documentation*. [www.eers.usda.gov/data-products/us-food-imports.aspx].

_____. 2016b. *Agricultural Resource Management Survey*. [http://www.ers.usda.gov/data-products/arms-farm-financial-and-crop-production-practices/arms-data.aspx].

Vogel, S. and S. Low. 2015. The Size and Scope of Locally Marketed Food Production. *Amber Waves*. USDA Economic Research Service. [http://www.ers.usda.gov/amber-waves/2015-januaryfebruary].

제2장 가족 농장

Ficara, J. F. 2006. *Black Farmers in America*. Lexington: University Press of Kentucky.

Hart, J. F. 1991. *The Land That Feeds Us*. New York: W. W. Norton and Company.

Hart, J. F. 2001. Half a Century of Cropland Change. *The Geographical Review* 91(3): 525–543.

Hart, J. F. 2003. *The Changing Scale of American Agriculture*. Charlottesville: University of Virginia Press.

Hart, J. F., and M. B. Lindberg. 2014. Kilofarms in the Agricultural Heartland. *Geographical Review* 104(2): 139–152.

Hoppe, R. A. and P. Korb. 2013. *Characteristics of Women Farm Operators and Their Farms*. USDA Economic Research Service, Economic Information Bulletin No. 111.

Hudson, J. C. 2001. The Other America: Changes in Rural America During the 20th Century. In *North America: The Historical Geography of a Changing Continent*, edited by T. F. McIlwraith and E. K. Muller, Lanham, MD: Rowman and Littlefield.

MacDonald, J. M., P. Korb, and R. A. Hoppe. 2013. *Farm Size and the Organization of U.S. Crop Farming*. USDA. Economic Research Service, Economic Research Report No. 152.

Raup, P. M. 2002. Reinterpreting Structural Change in U.S. Agriculture. In *Economic Studies on Food, Agriculture, and the Environment*, edited by Canavari and others, Kluwer Academic/Plenum Publishers.

Smith Howard, K. 2014. The Midwestern Farm Landscape Since 1945, in *The Rural Midwest Since World War II*, ed. by J. L. Anderson, DeKalb, IL: Northern Illinois University Press.

U.S. Department of Agriculture, Economic Research Service (USDA, ERS). 2015. *Farm Labor Background*. [http://www.ers.usda.gov/topics/farm-economy/farm-labor/background.aspx#demographic].

U.S. Department of Agriculture, National Agricultural Statistical Service. 2014. *Census of Agriculture, 2012.* Washington, DC: USDA, NASS.

U.S. Department of Commerce, Bureau of the Census. 1928. *Census of Agriculture, 1925.* Washington, DC: U.S. Government Printing Office.

U.S. Department of Commerce, Bureau of the Census. 1952. *Census of Agriculture, 1950.* Washington, DC: U.S. Government Printing Office.

U.S. Department of Commerce, Bureau of the Census. 1981. *Census of Agriculture, 1978.* Washington, DC: U.S. Government Printing Office.

제3장 옥수수 지대

Anderson, E., and W. L. Brown. 1950. The History of Common Maize Varieties in the United States Corn Belt. *Journal of the New York Botanical Garden* 51: 242–267.

Anderson, J. L. 2009. *Industrializing the Corn Belt: Agriculture, Technology, and Environment, 1945-1972.* DeKalb, IL: Northern Illinois University Press.

Auch, R. F., and C. R. Laingen. 2015. Having it Both Ways? Land Use Change in a U.S. Midwestern Agricultural Ecoregion. *The Professional Geographer* 67(1): 84–97.

Beadle, G. W. 1980. The Ancestry of Corn. *Scientific American* 242(1): 112–19.

Beverly, R. 1855. *The History of Virginia [1772].* Richmond: J. W. Randolph.

Bremer, R. 1976. *Agricultural Change in an Urban Age: The Loup Country of Nebraska, 1910-1970.* Lincoln: University of Nebraska Press.

Clampitt, C. 2015. *Midwest Maize: How Corn Shaped the U.S. Heartland.* Campaign: University of Illinois Press.

Environmental Protection Agency. 2015. Program Overview for Renewable Fuel Standard Program. [http://www2.epa.gov/renewable-fuel-standard-program].

Green, D. E. 1973. *Land of the Underground Rain: Irrigation on the Texas High Plains, 1910-1970.* Austin: University of Texas Press.

Griliches, Z. 1957. Hybrid Corn: An Exploration in the Economics of Technological Change. *Econometrica* 25: 501–523.

Hart, J. F. 1986. Change in the Corn Belt. *Geographical Review* 76(1): 51–72.

_____. 2003. *The Changing Scale of American Agriculture.* Charlottesville: University of Virginia Press.

Henlein, P. C. 1959. *Cattle Kingdom in the Ohio Valley.* Lexington: University of Kentucky Press.

Hudson, J. C. 1994. *Making the Corn Belt.* Bloomington: Indiana University Press.

Matsuoka, Y., Y. Vigoroux, M. Goodman, J. Sanchez, E. Buckler, J. Doebley. 2002. A Single Domestication for Maize Shown by Multilocus Microsatellite Genotyping. *Proceedings of the National Academy of Sciences* 99(90): 6080–6084.

Mosher, M. L. 1962. *Early Iowa Corn Yield Tests and Related Later Programs.* Ames: Iowa State University Press.

Napton, D. E. 2007. Agriculture. In *The American Midwest: An Interpretive Encyclopedia,* edited by R. Sisson, C. Zacher, and A. Cayton. Bloomington: Indiana University Press.

Napton, D. E., and J. B. Graesser. 2012. Agricultural Land Change in the Northwestern Corn Belt: 1972-2007. *Geo-Carpathica Anul XI*(11): 65–81.

Piper, C. V., and W. J. Morse. 1923. *The Soybean.* New York: McGraw-Hill.

Sherow, J. E. 1990. *Watering the Valley. Development along the High Plains Arkansas River, 1870-1950.* Lawrence: University Press of Kansas.

Shurtleff, W., and A. Aoyagi. 2014. *Early History of Soy Worldwide to 1899.* Lafayette, CA: Soyinfo Center.

USDA. 2015. Adoption of Genetically Engineered Crops in the U.S. [http://www.ers.usda.gov/data-products/adoption-of-genetically-engineered-crops-in-the-us.aspx].

제4장 밀과 곡물

Babineaux, L. P., Jr. 1967. *History of the Rice Industry of Southwesters Louisiana*. Master of Arts thesis, University of Southwestern Louisiana. [http://library. mcneese.edu/depts/archive/FTBooks/babineaux.htm].

Berwald, D., C. Carter, and G. P. Gruère. 2006. Rejecting New Technology: The Case of Genetically Modified Wheat. *American Journal of Agricultural Economics* 88(2): 432–447.

Bognar, J. and G. Skogstad. 2014. Biotechnology in North America: the United States, Canada, and Mexico. In *Handbook on Agriculture, Biotechnology, and Development*, edited by S. J. Smyth, P. W. B. Phillips, and D. Castle, 71–85. Cheltenham, UK: Edward Elgar.

Bond, J., T. Capehart, E. Allen, and G. Kim. 2015. *Boutique Brews, Barley, and the Balance Sheet*. Feed Outlook: Special Article. FDS-15a-SA. USDA, Economic Research Service. [http://www.ers.usda.gov/publications/fds-feed-outlook/fds-15a.aspx].

Brewers Association. 2015. *Malting Barley Characteristics for Craft Brewers*. [https://www.brewersassociation.org/best-practices/malt/malting-barley-characteristics/].

California Wheat Commission. 2016. *A Kernel of Wheat*. [http://www.californiawheat.org/industry/diagram-of-wheat-kernel/].

Center for Science in the Public Interest. 2008. Sara Lee to Make Clear its "Made with Whole Grain White Bread" is 30 Percent Whole Grain. [http://cspinet.org/new/200807212.htm].

Kuhlman, C. B. 1929. *The Development of the Flour-milling Industry in the United States, With Special Reference to the Industry in Minneapolis*. Boston: Houghton Mifflin.

Lin, W., and G. Vocke. 2004. Hard White Wheat at a Crossroads. USDA, ERS *Electronic Outlook Report*. WHS-04K-01.

Liefert, W., O. Liefert, G. Vocki, and E. Allen. 2010. Former Soviet Union Region To Play Larger Role in Meeting World Wheat Needs. *Amber Waves*, USDA Economic Research Service (online).

Malin, J. C. 1944. *Winter Wheat in the Golden Belt of Kansas*. Lawrence: University of Kansas Press.

McKelvey, B. 1949. Rochester and the Erie Canal. *Rochester History* 11(3): 1–24.

Meinig, D. W. 1968. *The Great Columbia Plain. A Historical Geography, 1805–1910*. Seattle: University of Washington Press.

O'Connell. J. 2015. Barley breeders target varieties for craft brewers. *Capital Press*. [http://www.capitalpress.com/Profit/20150312/barley-breeders-target-varieties-for-craft-brewers].

Salem Statesman Journal. November 12, 2014. "Monsanto Settles Over GMO Wheat Found in Oregon." http://www.statesmanjournal.com/story/news/2014/11/12/monsanto-settles-gmo-wheat-found-oregon/18937079/.

Paulsen, G. M. 1998. Hard White Winter Wheat for Kansas. *Keeping Up With Research*, SRL 120. Manhattan: Kansas State University Agricultural Extension Service.

Sauer, J. D. 1993. *Historical Geography of Crop Plants: A Select Roster*. Boca Raton FL: CRC Press.

Taylor, M., M. Boland, and G. Brester. 2005. *Barley Profile*. USDA, Agricultural Marketing Resource Center. [http://www.agmrc.org/commodities_products/grains_oilseeds/barley-profile/].

USDA. Economic Research Service. 2011. *Wheat Data*. [http://www.ers.usda.gov/data-products/wheat-data.aspx#25297].

USDA, Economic Research Service. 2015. *Rice Imports, Rice Exports*. [http://www.ers.usda.gov/topics/crops/rice/trade.aspx].

Vocke, G., J. C. Buzby, and H. F. Wells. 2008. Consumer Preferences Change Wheat Flour Use. *Amber Waves*. USDA Economic ResearchService (online).

Weaver, J. C. 1943. Barley in the United States: A Historical Sketch. *Geographical Review* 33(1): 56–73.

Weiss, E. and D. Zohary. 2011. The Neolithic Southwest Asian Founder Crops: Their Biology and Archaeology. *Current Anthropology* 52(54): 5237–5254.

제5장 낙농

Bentley, J. 2014. Trends in U.S. per Capita Consumption of Dairy Products, 1970-2013. USDA, Economic Research Service [http://www.ers.usda.gov/amber-waves/2014-june/trends-in-us-per-capita-consumption-of-dairy-products,-1970-2012.aspx#.VlTMAnarSUk].

California Dairy Statistics Annual. 2013. Sacramento: California Department of Food and Agriculture.

Chite, R. M. 1991. *Milk Standards: Grade A vs. Grade B.* Congressional Research Service, CRS Report for Congress. Washington, DC: Library of Congress.

Cross, J. A. 2014. Continuity and Change: Amish Dairy Farming in Wisconsin over the Past Decade. *Geographical Review* 104(1): 52–70.

Generalized Types of Farming in the United States. 1950. Agricultural Information Bulletin No. 3. Washington: U. S. Department of Agriculture.

Johnson, J. D., N. Kretchmer, and F. J. Simoons. 1982. Lactose Malabsorption: Its Biology and History. *Advances in Pediatrics* 21(1): 197–237.

National Association of State Legislatures. 2015. *State Milk Laws.* [http://www.ncsl.org/research/agriculture-and-rural-development/raw-milk-2012.aspx].

Shultz, T. 2000. *The Dairy Industry in Tulare County.* University of California Cooperative Extension.

Simoons, F. J. 1974. The Determinants of Dairying and Milk Use in the Old World: Ecological, Physiological, and Cultural. In *Food, Ecology, and Culture: Readings in the Anthropology of Dietary Practices,* edited by J. R. K. Robson. New York: Gordon and Breach.

_____. 1982. Problems in the Use of Animal Products as Human Food: Some Ethnographical and Historical Problems. In *Animal Products in Human Nutrition,* edited by D. C. Beitz and R. G. Hansen, 19–34. New York: Academic Press.

Stewart, H., D. Dong, and A. Carlson. 2013. *Why Are Americans Consuming Less Fluid Milk?* USDA, Economic Research Service. Economic Research Report 149.

U.S. Food and Drug Administration. 2015. *Report on the Food and Drug Administration's Review of Recombinant Bovine Somatotropin*. [http://www.fda.gov/AnimalVeterinary/SafetyHealth/ProductSafetyInformation/ucm130321.html].

Wisconsin Dairy Plant Directory, 2012-2013. Madison: Wisconsin Department of Agriculture, Trade & Consumer Protection.

제6장 비육돈과 육우

American Grassfed Association. 2015. *Directory*. http://www.americangrassfed.org/about-us/.

Briggs, H. M., and D. M. Briggs. 1980. *Modern Breeds of Livestock*. New York: Macmillan Publishing Co.

Broadway, Michael. 2007. Meatpacking and the Transformation of Rural Communities: A Comparison of Brooks, Alberta and Garden City, Kansas. *Rural Sociology*. 72(4): 560–582.

Davis, J. R., and H. S. Duncan. 1921. *History of the Poland-China Breed of Swine*. Maryville MO: Poland-China History Association.

Dawson, H. C. 1913. *The Hog Book*. Chicago: Breeders Gazette.

Felius, M. 1985. *Genus* Bos. Rahway NJ: Merck & Co.

Ferraz, J. B. S., and P. E. de Felicio. 2009. Production Systems—An Example from Brazil. *Meat Science* 84(2): 238–243.

Giuffra, E. J., M. H. Kijas, V. Amarger, O. Carlborg, J-T. Jeon, and L. Andersson. 2000. The Origin of the Domestic Pig: Independent Domestication and Subsequent Introgression. *Genetics* 154: 1785–1792.

Harper, A. 2009. *Hog Production Contracts: The Grower-Integrator Relationship*. Virginia Cooperative Extension Service. [http://pubs.est.vt.edu/414/414-039/414-039.html].

Hart, J. F. 2003. *The Changing Scale of American Agriculture*. Charlottesville: University of Virginia Press.

_____. 2007. Bovotopia. *Geographical Review* 97(4): 542–549.

Hart, J. F., and C. Mayda. 1997. Pork Palaces on the Panhandle. *Geographical Review* 87(3): 396–400.

Heath-Agnew, E. 1983. *A History of Hereford Cattle and Their Breeders*. London: Gerald Duckworth.

Henlein, P. C. 1959. *Cattle Kingdom in the Ohio Valley, 1783-1860*. Lexington: University of Kentucky Press.

Hudson, J. C. 1994. *Making the Corn Belt: A Geographical History of Middle-Western Agriculture*. Bloomington: Indiana University Press.

JBS. 2014. *JBS expands facilities to meet demand for Swift Black*. [http://www.jbs.com.br/en/media_center/press_releases/jbs-expands-facilities-meet-demand].

Krider, J. L., and W. E. Carroll. 1971. *Swine Production*. New York: McGraw-Hill.

McTavish, E. J., J. E. Decker, R. S. Schnabel, J. F. Taylor, and D. M. Hillis. 2013. New World Cattle Show Ancestry from Multiple Independent Domestication Events. *Proceedings of the National Academy of Sciences*. [www.pnas.org/cg/doi/10.1073/pnas.1303367110].

Rouse, J. E. 1977. *The Criollo: Spanish Cattle in the Americas*. Norman: University of Oklahoma Press.

Sanders, A. H. 1928. *A History of Aberdeen Angus Cattle*. Chicago: Lakeside Press.

Sauer, C. O. 1971. *Sixteenth Century North America*. Berkeley: University of California Press.

Smithfield. 2015. *The Smithfield Packing Company, Incorporated*. [http://www.vault.com/company-profiles/food-beverage/gwaltney-of-smithfield,-ltd-inc/company-overview.aspx].

Trow-Smith, R. 1957. *A History of British Livestock Husbandry to 1700*. London: Routledge and Kegan Paul.

U.S. Department of Agriculture, Agricultural Marketing Service. 2002. United States Standards for Livestock and Meat Marketing Claims. *Federal Register* 67 (79552, No. 250). Doc. No. LS-02-02.

_____. 2009. *Federal Register* 72(199): 58631–58637.

_____. 2016. Understanding AMS' Withdrawal of Two Voluntary Marketing Claim Standards. USDA Blog, January 20, 2016. [http://blogs.usda.gov/2016/01/20/understanding-ams-withdrawal-of-two-voluntary-marketing-claim-standards/].

제7장 가금(家禽)

Akers, D., P. Akers, and M. A. Latour. 2002. *Choosing a Chicken Breed: Eggs, Meat, or Exhibition.* Purdue University Cooperative Extension Service [https://www.extension.purdue.edu/extmedia/as/as-518.pdf].

Bentley, J. 2012. *U.S. Per Capita Availability of Chicken Surpasses That of Beef.* USDA, Economic Research Service. [http://www.ers.usda.gov/amber-waves/2012-september/us-consumption-of-chicken.aspx#. VbeX3flVhBc.]

Eriksson, J., G. Larson, U. Gunnarrsson, B. Bed'hom, M. Tixier-Boichard, L. Stromstedt, D. Wright, A. Jungerius, A. Vereijken, E. Randi, P. Jensen, and L. Andersson. 2008. Identification of the Yellow Skin Gene Reveals a Hybrid Origin of the Domestic Chicken. *PLOS Genetics* 4(2). [http://journals.plos.org/plosgenetics/article?id=10.1371/journal.pgen.1000010].

Hart, J. F. 1980. Land Use Change in a Piedmont County. *Annals, Association of American Geographers* 70(4): 492–527.

Johnson, H. A. 1944. *The Broiler Industry in Delaware.* University of Delaware, Agricultural Experiment Station, Bulletin No. 150.

Lord, J. D. 1971. The Growth and Localization of the United States Broiler Chicken Industry. *Southeastern Geographer* 11(1): 29-42.

Mississippi State University. 2014. *History of the Mississippi Poultry Industry.* [http://msucares.com/poultry/commercial/history.html].

National Chicken Council. 2014. *U.S. Chicken Industry History.* [http://www.nationalchickencouncil.org/about-the-industry/history/].

National Turkey Federation. 2015. [http://www.eatturkey.com/].

Pennsylvania State University, College of Agricultural Sciences, Penn State Extension. 2015. *History of the Chicken*. [http://extension.psu. edu/animals/poultry/topics/general-educational-material/the-chicken/ history-of-the-chicken].

Perry, J., D. E. Banker, and R. Green. 1999. *Broiler Farms' Organization, Management, and Performance*. USDA, Economic Research Service, Agricultural Information Bulletin No. AIB-748.

Riffel, B. E. 2014. Arkansas Poultry Industry. *The Encyclopedia of Arkansas History and Culture*. [http://www.encyclopediaofarkansas.net/encyclopedia/ entry-detail.aspx?entryID=2102].

Smith, A. F. 2006. *The Turkey. An American Story*. Urbana: University of Illinois Press.

Storey, A. A., J. S. Athens, D. Bryant, M. Carson, K. Emery, S. deFrance, C. Higham, L. Huynen, M. Intgoh, S. Jones, P. V. Kirch, T. Ladefoged, and P. McCoy. 2012. Investigating the Global Dispersal of Chickens in Prehistory Using Ancient Mitochondrial DNA Signatures. *PLOS Genetics*. [http:// journals.plos.org/plosone/article?id=10.1371/journal.pone.0039171].

USDA, Animal and Plant Health Inspection Service. 2014. *Update on Avian Influenza Findings*, June 4, 2015. [http://www.aphis.usda.gov/ wps/portal/aphis/ourfocus/animalhealth/sa_animal_disease_information/ sa_avian_health/ct_avian_influenza_disease].

_____. 2015. Stakeholder Announcement. *APHIS Releases Partial Epidemiology Report on Highly Pathogenic Avian Influenza*. [http://www.aphis.usda.gov/ animal_ health/animal_dis_spec/poultry/downloads/Epidemiologic-Analy-sis-July-15-2015.pdf].

USDA, Agricultural Research Service. 2015. *A Brief History of Turkey Research and the Role of the Beltsville Agricultural Research Center*. [http://www.ars. usda.gov/sp2UserFiles/Place/80000000/Partnering/TurkeySuccess.pdf].

USDA, Economic Research Service. 2015. *Poultry and Eggs, Production and Trade*. [http://www.ers.usda.gov/topics/animal-products/poultry-eggs/statistics-information.aspx].

University of Georgia, College of Agricultural and Environmental Sciences, Cooperative Extension. 2012. Seven Reasons Why Chickens are NOT Fed Hormones. *Poultry Housing Tips* 24(4): 1–2. [https://www.poultryventilation.com/tips/vol24/n4].

U.S. Department of Commerce. 1957. *Historical Statistics of the United States to 1957*. Washington DC, 1961.

제8장 과일과 채소

Bohl, W. H. and S. B. Johnson (eds.). 2010. Commercial Potato Production in North America. Orono ME: Potato Association of America. [http://potatoassociation.org/wp-content/uploads/2014/04/A_ProductionHandbook_Final_000.pdf].

California Department of Food and Agriculture. 2015. *California Grape Acreage Report, 2014*. Sacramento. [http://www.nass.usda.gov/Statistics_by_State/California/Publications/Grape_Acreage/201504gabtb00.pdf].

Dong, D., and B.-H. Lin. 2009. *Fruit and Vegetable Consumption by Low-Income Americans. Would A Price Reduction Make A Difference?* Economic Research Report No. 70. USDA. Economic Research Service. [http://www.ers.usda.gov/media/185375/err70.pdf].

Ferrier, P. 2014. Imports of Many Fruits and Vegetables Dominated by Few Source Countries. *Amber Waves*. USDA Economic Research Service [http://www.ers.usda.gov/amber-waves/2014-august/imports-of-many-fruits-and-vegetables-dominated-by-few-source-countries.aspx#.VbpHcvlVhBc].

Florida Citrus Mutual. 2015. *Citrus Industry History*. [http://www.flcitrusmutual.com/citrus-01/citrushistory.aspx].

Frederic, P. B. 2002. *Canning Gold; Northern New England's Sweet Corn Industry: A Historical Geography.* Lanham, MD: University of Press of America.

Geisler, M. 2012a. *Blackberries.* USDA. Agricultural Marketing Resource Center. [http://www.agmrc.org/commodities__products/fruits/blackberries/].

_____. 2012b. *Raspberries.* USDA. Agricultural Marketing Resource Center. [http://www.agmrc.org/commodities__products/fruits/raspberries/].

Huang, S. and K. Huang. 2007. *Increased U.S. Imports of Fresh Fruits and Vegetables.* FTS-328-01. USDA. Economic Research Service [http://www.ers. usda.gov/media/187841/fts32801_1_.pdf].

Maine Potato Board. 2013. *A Review of the Industry.* Presque Isle: Maine Potato Board. [http://www.mainepotatoes.com/page/956-729/ maine-potato-industry-reports].

Michigan Apple Committee. 2015. *The Michigan Apple Crop 2014.* http:// www.michiganapples.com/News/Michigan-Apple-Facts.

The Morning Star Company. 2015. Website: http://www.morningstarco.com/.

National Potato Council. 2015. *Potato Facts.* [http://www.nationalpotatocouncil.org/potato-facts/].

Perez, A., and K. Plattner. 2015. *Fruit and Tree Nuts Outlook.* FTS-358. USDA Economic Research Service. [http://usda.mannlib.cornell.edu/usda/ current/FTS/FTS-03-27-2015.pdf].

Plattner, K. 2014. *Fruit and Tree Nuts Outlook: Economic Insight. Fresh-Market Limes.* USDA. Economic Research Service. FTS-357SA. http://www.ers. usda.gov/media/1679187/fresh-market-limes-special-article.pdf.

USDA. Economic Research Service. 2015. *Fruit and Tree Nuts.* [http://www. ers.usda.gov/topics/crops/fruit-tree-nuts/trade.aspx#Fruit].

USDA. National Agricultural Statistics Service. 2015. *Noncitrus Fruits and Nuts, Preliminary Report 2014.* [http://www.nass.usda.gov/Publications/ Todays_Reports/reports/ncit0115.pdf].

Zahniser, S., S. Angadjivand, T. Hertz, L. Kuberka, and A. Santos. 2015. *NAFTA at 20: North America's Free-Trade Area and Its Impact on Agriculture.* USDA. Economic Research Service. WRS-15-01. [http://www.ers. usda.gov/media/1764579/wrs-15-01.pdf].

제9장 유기 농장과 유기농 식품

Baier, A. H. 2012. *Organic Certification of Farms and Businesses Producing Agricultural Products*. USDA Agricultural Marketing Service. [http://www.ams. usda.gov/AMSv1.0/getfile?dDocName=STELPRDC5101547].

Census of Agriculture. 2012. *Characteristics of All Farms and Farms with Organic Sales*.

Certified Naturally Grown. 2015. [https://www.naturallygrown.org/].

Chalker-Scott, L. n.d. *The Myth of Biodynamic Agriculture*. [http://puyallup. wsu.edu/wp-content/uploads/sites/403/2015/03/biodynamic-agriculture. pdf].

Conolly, C., and H. A. Klaiber. 2014. Does Organic Command a Premium When the Food is Already Local? *American Journal of Agricultural Economics* 96(4): 1102–1116.

Darby, K., M. T. Batte, S. Ernst, and B. Roe. 2008. Decomposing Local: A Conjoint Analysis of Locally Produced Foods. *American Journal of Agricultural Economics* 90(2): 476–486.

Dimitri, C. 2011. Use of Local Markets by Organic Producers. *American Journal of Agricultural Economics* 94(2): 301–306.

Dimitri, C., and L. Oberholtzer. 2009. *Marketing U.S. Organic Foods: Recent Trends From Farms to Consumers*. USDA Economic Research Service. Economic Information Bulletin EIB-58.

Duram, L. 2005. *Good Growing: Why Organic Farming Works*. Lincoln: University of Nebraska Press.

Duram, L. A., and L. Oberholtzer. 2010. A Geographic Approach to Examine Place and Natural Resource Use in Local Food Systems. *Renewable Agriculture and Food Systems* 30(1): 99–108.

Greene, C. 2013. Growth Patterns in the U.S. Organic Industry. *Amber Waves*. USDA Economic Research Service. [http://www.ers.usda.gov/ amber-waves/2013-october/growth-patterns-in-the-us-organic-industry. aspx#.Vbj-SflVhBc].

_____. 2014. Support for the Organic Sector Expands in the 2014 Farm Act. *Amber Waves.* USDA, Economic Research Service. [http://www.ers.usda. gov/amber-waves/2014-july/support-for-the-organic-sector-expands-in-the-2014-farm-act.aspx#].

Greene, C., C. Dimitri, B-H. Lin, W. McBride, L. Oberholtzer, and T. Smith. 2009. *Emerging Issues in the U.S. Organic Industry.* USDA, Economic Research Service. Economic Information Bulletin Number 55.

Greene, C., and R. Ebel. 2012. Organic Farming Systems. In *Agricultural Resources and Environmental Indicators, 2012 edition,* edited by C. Osteen, J. Gottlieb, and U. Vasavada. 2012. USDA, Economic Research Service, Economic Information Bulletin Number 98, pp. 37–40.

Hansen, A. L. 2010. *The Organic Farming Manual.* North Adams MA: Storey Publishing.

Kremen, A., C. Greene, and J. Hanson. 2013. *Organic Produce, Price Premiums, and Eco-Labeling U.S. Farmers Markets.* USDA Economic Research Service. VGS 301–01 [http://www.ers.usda.gov/media/269468/ vgs30101_1_.pdf].

Low, S. A., A. Adalja, E. Beaulieu, N. Key, S. Martinez, A. Melton, A. Perez, K. Ralston, H. Steward, S. Suttles, S. Vogel, and B. B. R. Jablonski. 2015. *Trends in U.S. Local and Regional Food Systems: A Report to Congress.* USDA, Economic Research Service. Administrative Report AP068 [http://www.ers. usda.gov/publications/ap-administrative-publication/ap-068.aspx].

McBride, W. D. and C. Greene. 2009. *Characteristics, Costs, and Issues for Organic Dairy Farming.* USDA. Economic Research Service, ERR-82. [http://www.ers.usda.gov/publications/err-economic-research-report/err82. aspx].

_____. 2013. *Organic Data and Research from the ARMS Survey: Findings on Competitiveness of the Organic Soybean Sector.* USDA, Economic Research Service [http://handle.nal.usda.gov/10113/58108].

McBride, W. D., C. Greene, M. B. Ali, and L. F. Foreman. 2012. *The Structure and Profitability of Organic Field Crop Production: The Case of Wheat.* Paper presented at Agricultural and Applied Economics Association meeting, Seattle WA. [http://ageconsearch.umn.edu/bitstream/123835/2/AAEA%20paper-organic%20wheat.pdf].

McFadden, S. 2004. *The History of Community Supported Agriculture, Part I.* [http://newfarm.rodaleinstitute.org/features/0104/csa-history/part1.shtml].

Slattery, E., M. Livingston, C. Greene, and K. Klonsky. 2011. *Characteristics of Conventional and Organic Apple Production in the United States.* FTS-347-01. USDA, Economic Research Service. [http://www.ers.usda.gov/media/118496/fts34701.pdf].

Toler, S., B. C. Briggeman, J. L. Lusk, and D. C. Adams. 2009. Fairness, Farmers Markets, and Local Production. *American Journal of Agricultural Economics* 91(5): 1272–1278.

USDA, Economic Research Service. 2013. *Certified Organic Grain Crop Acreage by State. 2011.* [http://www.ers.usda.gov/data-products/organic-production.aspx#25766].

USDA, Agricultural Marketing Service. 2015a. National Organic Program. [http://www.usda.gov/wps/portal/usda/usdahome?contentidonly=true&contentid=organic-agriculture.html].

_____. 2015b. Certified Organic. [http://www.ams.usda.gov/AMSv1.0/nop].

_____. 2015c. Community Supported Agriculture Directory Search. [http://search.ams.usda.gov/csa/].

_____. 2015d. National Organic Standards Board. [http://www.ams.usda.gov/AMSv1.0/getfile?dDocName=STELPRDC5101547].

_____. 2015e. Organic Prices. 2012. [http://www.ers.usda.gov/data-products/organic-prices.aspx].

U.S. Secretary of Agriculture. 2013. *USDA Departmental Guidance on Organic Agriculture, Marketing and Industry* [http://www.usda.gov/documents/usda-departmental-guidance-organic-agriculture.pdf].

Wagstaff, R. K., and S. E. Wortman. 2015. Crop Physiological Responses across the Chicago Metropolitan Region: Developing Recommendations for Urban and Peri-Urban Farmers in the North-Central U.S. *Renewable Agriculture and Food Systems* 30(1): 8–14.

제10장 농지 유보 정책

Auch, R. F., C. R. Laingen, M. A. Drummond, K. L. Sayler, R. R. Reker, M. A. Bouchard, and J. J. Danielson. 2013. Land-Use and Land-Cover Change in Three Corn Belt Ecoregions: Similarities and Differences. *Focus on Geography* 56(4): 135–143.

Bowers, D. E., W. D. Rasmussen, and G. L. Baker. 1984. History of Agricultural Price-Support and Adjustment Programs, 1933–84. *Agricultural Information Bulletin 485.* Washington, DC: USDA ERS.

Cain, Z., and S. Lovejoy. 2004. History and Outlook for Farm Bill Conservation Programs. *Choices* 19(4): 37–42.

Gersmehl, P. J., and D.A. Brown. 2004. The Conservation Reserve Program: A Solution to the Problem of Agricultural Overproduction? In *WorldMinds: Geographical Perspectives on 100 Problems,* edited by D. G. Janelle, B. Warf, and K. Hansen. Boston: Kluwer.

Helms, J. D. 1985. Brief History of the USDA Soil Bank Program. *Historical Insights* 1, USDA, NRCS. http://www.nrcs.usda.gov/Internet/FSE_DOCU-MENTS/stelprdb10455666.pdf.

Janssen, L., J. Davis, and S. Adams-Inkoom. 2015. *South Dakota Agricultural Land Market Trends 1991–2015.* iGrow Research. USDA-SDSU Agricultural Experiment Station, Publication 03-7008-2015.

Laingen, C. R. 2011. Historic and Contemporary Trends of the Conservation Reserve Program and Ring-Necked Pheasants in South Dakota. *Great Plains Research* 21: 95–103.

Laingen, C. R. 2013. A Geo-temporal Analysis of the Conservation Reserve Program: Net vs. Gross Change, 1986 to 2013. *Papers in Applied Geography* 36: 37–46.

Leathers, N., and L. M. B. Harrington. 2000. Effectiveness of Conservation Reserve Programs and Land "Slippage" in Southwestern Kansas. *The Professional Geographer* 52(1): 83–93.

National Agricultural Law Center. 2015. *United States Farm Bills.* http://nationalaglawcenter.org/farmbills/

Reganold, J. P., D. Jackson-Smith, S. S. Batie, R. R. Harwood, J. L. Kornegay, D. Bucks, C. B. Flora, J. C. Hanson, W. A. Jury, D. Meyer, A. Schumacher, Jr., H. Sehmsdorf, C. Shennan, L. A. Thrupp., and P. Willis. 2011. Transforming U.S. Agriculture. *Science* 322(6030): 670–671.

USDA ERS. 2015. *Agricultural Act of 2014: Highlights and Implications.* http://www.ers.usda.gov/agricultural-act-of-2014-highlights-and-implications/conservation.aspx.

USDA FSA. 2012. *Conservation Reserve Program: Annual Summary and Enrollment Statistics FY 2012.* U.S. Department of Agriculture, Farm Service Agency, Washington, DC. http://www.fsa.usda.gov/Assets/USDA-FSA-Public/usdafiles/Conservation/PDF/summary12.pdf.

USDA FSA. 2015. *CRP Enrollment and Rental Payments by State, 1986–2014.* U.S. Department of Agriculture, Farm Service Agency, Washington, DC. http://www.fsa.usda.gov/Assets/USDA-FSA-Public/usdafiles/Conservation/Excel/statepymnts8614.xls.

아메리칸 팜스, 아메리칸 푸드

펴낸날	초판 1쇄 2020년 12월 28일
지은이	존 허드슨, 크리스토퍼 레인전
옮긴이	장영진
펴낸이	심만수
펴낸곳	(주)살림출판사
출판등록	1989년 11월 1일 제9-210호

주소	경기도 파주시 문발동 522-1
전화	031-955-1350 팩스 031-955-1355
홈페이지	http://www.sallimbooks.com
이메일	book@sallimbooks.com

ISBN   978-89-522-4283-9   03520

책임편집·교정교열 김다니엘